## Zur Einführung.

Die Werkstattbücher behandeln das Gesamtgebiet der Werkstatttechnik in kurzen selbständigen Einzeldarstellungen; anerkannte Fachleute und tüchtige Praktiker bieten hier das Beste aus ihrem Arbeitsfeld, um ihre Fachgenossen schnell und gründlich in die Betriebspraxis einzuführen.

Die Werkstattbücher stehen wissenschaftlich und betriebstechnisch auf der Höhe, sind dabei aber im besten Sinne gemeinverständlich, so daß alle im Betrieb und auch im Büro Tätigen, vom vorwärtsstrebenden Facharbeiter bis zum leitenden Ingenieur Nutzen aus ihnen ziehen können.

Indem die Sammlung so den einzelnen zu fördern sucht, wird sie dem Betrieb als Ganzem nutzen und damit auch der deutschen technischen Arbeit im Wettbewerb der Völker.

### Bisher sind erschienen:

Heft 1: **Gewindeschneiden.** (7.—12. Tausd.) Von Obering. O. Müller.
Heft 2: **Meßtechnik.** Zweite, verbesserte Auflage. (7.—14. Tausend.) Von Professor Dr. techn. M. Kurrein.
Heft 3: **Das Anreißen in Maschinenbauwerkstätten.** (7.—12. Tausend.) Von Ing. H. Frangenheim.
Heft 4: **Wechselräderberechnung für Drehbänke.** (7.—12. Tausend.) Von Betriebsdirektor G. Knappe.
Heft 5: **Das Schleifen der Metalle.** Zweite, verbesserte Auflage. Von Dr.-Ing. B. Buxbaum.
Heft 6: **Teilkopfarbeiten.** (7.—12. Tausend.) Von Dr.-Ing. W. Pockrandt.
Heft 7: **Härten und Vergüten.** 1. Teil: **Stahl und sein Verhalten.** Zweite, verbess. Auflage. (7.—15. Tausd.) Von Dipl.-Ing. Eugen Simon.
Heft 8: **Härten und Vergüten.** 2. Teil: **Praxis der Warmbehandlung.** Zweite, verbesserte Auflage. (7.—15. Tausend.) Von Dipl.-Ing. Eugen Simon.
Heft 9: **Rezepte für die Werkstatt.** (7.—10. Tausend.) Von Ing.-Chemiker Hugo Krause.
Heft 10: **Kupolofenbetrieb.** Von Gießereidir. C. Irresberger.
Heft 11: **Freiformschmiede.** 1. Teil: **Technologie des Schmiedens. — Rohstoffe der Schmiede.** Von Direktor P. H. Schweißguth.
Heft 12: **Freiformschmiede.** 2. Teil: **Einrichtungen und Werkzeuge der Schmiede.** Von Direktor P. H. Schweißguth.
Heft 13: **Die neueren Schweißverfahren.** Zweite, verbesserte u. vermehrte Auflage. Von Prof. Dr.-Ing. P. Schimpke.
Heft 14: **Modelltischlerei.** 1. Teil: **Allgemeines. Einfachere Modelle.** Von R. Löwer.

Heft 15: **Bohren.** Von Ing. J. Dinnebier.
Heft 16: **Reiben und Senken.** Von Ing. J. Dinnebier.
Heft 17: **Modelltischlerei.** 2. Teil: **Beispiele von Modellen und Schablonen zum Formen.** Von R. Löwer.
Heft 18: **Technische Winkelmessungen.** Von Prof. Dr. G. Berndt.
Heft 19: **Das Gußeisen.** Von Ing. Joh. Mehrtens.
Heft 20: **Festigkeit und Formänderung.** Von Studienrat Dipl.-Ing. H. Winkel.
Heft 21: **Einrichten von Automaten.** 1. Teil: **Die Systeme Spencer und Brown & Sharpe.** Von Ing. Karl Sachse.
Heft 22: **Die Fräser.** Von Ing. Paul Zieting.
Heft 23: **Einrichten von Automaten.** 2. Teil: **Die Automaten System Gridley (Einspindel) u. Cleveland u. die Offenbacher Automaten.** Von Ph. Kelle, E. Gothe, A. Kreil.
Heft 24: **Der Stahl- und Temperguß.** Von Prof. Dr. techn. Erdmann Kothny.
Heft 25: **Die Ziehtechnik in der Blechbearbeitung.** Von Dr. Ing. Walter Sellin.
Heft 26: **Räumen.** Von Ing. Leonhard Knoll.
Heft 27: **Einrichten von Automaten.** 3. Teil: **Die Mehrspindel-Automaten.** Von E. Gothe, Ph. Kelle, A. Kreil.
Heft 28: **Das Löten.** Von Dr. W. Burstyn.
Heft 29: **Die Kugel- und Rollenlager (Wälzlager).** Von Hans Behr.
Heft 30: **Gesunder Guß.** Von Prof. Dr. techn. Erdmann Kothny.
Heft 31: **Gesenkschmiede.** 1. Teil: **Arbeitsweise und Konstruktion der Gesenke.** Von P. H. Schweißguth.
Heft 32: **Die Brennstoffe.** Von Prof. Dr. techn. Erdmann Kothny.

---

Aufstellung der in Vorbereitung befindlichen Hefte s. 3. Umschlagseite.

**Jedes Heft 48—64 Seiten stark, mit zahlreichen Textfiguren.**

## WERKSTATTBÜCHER
FÜR BETRIEBSBEAMTE, VOR- UND FACHARBEITER
HERAUSGEGEBEN VON EUGEN SIMON, BERLIN
===== HEFT 32 =====

# Die Brennstoffe

Ihre Einteilung, Eigenschaften, Verwendung
und Untersuchung

Von

Prof. Dr. techn. Erdmann Kothny

Mit 11 Figuren im Text
und 33 Zahlentafeln

Berlin
Verlag von Julius Springer
1927

# Inhaltsverzeichnis.

|  | Seite |
|---|---|
| I. Einleitung | 3 |
|    A. Erklärung des Begriffes Brennstoffe | 3 |
|    B. Bedeutung der Brennstoffe für die Energieversorgung der Welt | 3 |
| II. Einteilung | 8 |
| III. Feste Brennstoffe | 8 |
|    A. Allgemeines | 8 |
|    B. Holz und Holzkohle | 13 |
|       1. Holz S. 13. — 2. Holzkohle S. 14. | |
|    C. Torf, Torfbriketts und Torfkoks | 15 |
|       1. Torf S. 15. — 2. Torfbriketts S. 16. — Torfkoks S. 16. | |
|    D. Braunkohle, Braunkohlenstaub, Braunkohlenbriketts, Grudekoks | 16 |
|       1. Braunkohle S. 16. — 2. Braunkohlenbriketts S. 19. — 3. Braunkohlenstaub S. 20. — 4. Grudekoks S. 20. | |
|    E. Steinkohle, Kohlenstaub, Briketts, Kohlenschlamm und Koks | 20 |
|       1. Steinkohle S. 20. — 2. Kohlenstaub S. 24. — 3. Briketts S. 24. — 4. Veredelung des Kohlenschlammes S. 24. — 5. Koks S. 24. | |
|    F. Abfallbrennstoffe | 26 |
| IV. Flüssige Brennstoffe | 27 |
|    A. Allgemeines | 27 |
|    B. Erdöl und seine Destillate | 27 |
|       1. Erdöl S. 27. — 2. Destillate des Erdöls S. 29. | |
|    C. Ölschiefer und seine Destillate | 30 |
|    D. Braunkohlenteer und seine Destillate | 30 |
|    E. Steinkohlenteer und seine Destillate | 30 |
|       1. Der Steinkohlenteer S. 30. — 2. Destillate des Steinkohlenteers S. 32. | |
|    F. Urteer | 32 |
|    G. Verflüssigung der Kohle | 33 |
|    H. Synthetische Öle | 33 |
|    J. Spiritus | 33 |
| V. Gasförmige Brennstoffe | 35 |
|    A. Allgemeines | 35 |
|    B. Naturgase | 35 |
|    C. Künstliche gasförmige Brennstoffe | 36 |
|       1. Gasförmige Brennstoffe aus flüssigen Brennstoffen S. 36. — 2. Künstliche Gase aus festen Brennstoffen S. 36. — 3. Künstliche Gase aus Nichtbrennstoffen S. 39. | |
| VI. Bewertung und Verwendungsmöglichkeit der Brennstoffe | 39 |
| VII. Verwertung der Brennstoffe | 41 |
|    A. Allgemeines | 41 |
|    B. Verbrennung | 43 |
|       1. Allgemeines S. 43. — 2. Verbrennungsvorgang S. 45. — 3. Berechnung der Luft- und Abgasmenge S. 51. — 4. Berechnung der theoretischen Verbrennungstemperatur S. 52. — 5. Wirkungsgrad S. 53. | |
|    C. Betriebsüberwachung | 56 |
|    D. Entgasung | 56 |
|       1. Allgemeines S. 56. — 2. Zweck der Entgasung und Entgasungsverfahren S. 58. | |
|    E. Vergasung | 61 |
|       1. Chemische Grundlagen S. 61. — 2. Verfahren der Gaserzeugung S. 61. | |
| VIII. Richtlinien für die Probenahme, Bestimmung des Heizwertes und chemische Untersuchung der Brennstoffe | 68 |
|    A. Probenahme | 68 |
|       1. Probenahme fester Brennstoffe S. 68. — 2. Probenahme flüssiger Brennstoffe S. 68. — 3. Probenahme bei gasförmigen Brennstoffen und Abgasen S. 69. — 4. Probenahme von Verbrennungsrückständen S. 69. | |
|    B. Heizwertbestimmung | 69 |
|       1. Feste und flüssige Brennstoffe S. 69. — 2. Gasförmige Brennstoffe S. 70. | |
|    C. Analyse | 70 |
|       1. Feste Brennstoffe S. 73. — 2. Flüssige Brennstoffe S. 73. — 3. Gasförmige Brennstoffe und Abgase S. 73. — 4. Verbrennungs- und Vergasungsrückstände S. 73. | |

---

Alle Rechte, insbesondere das der Übersetzung in fremde Sprachen, vorbehalten.
Copyright 1927 by Julius Springer in Berlin.
ISBN-13:978-3-642-89976-8      e-ISBN-13:978-3-642-91833-9
DOI: 10.1007/978-3-642-91833-9

## Vorwort.

Das vorliegende Heft soll einen Überblick über die in der Industrie verwendeten Brennstoffe geben. Zu diesem Zweck werden Entstehung, Erzeugung, Eigenschaften und Verwertung der Brennstoffe beschrieben; dagegen ist es in dem engen Rahmen der Werkstatthefte ausgeschlossen, auch nur die wichtigsten Verfahren für die Verwertung der Brennstoffe und die dazu nötigen Einrichtungen zu beschreiben. Es sind daher nur die theoretischen Grundlagen der verschiedenen Arten der Brennstoffverwertung erörtert worden, an die sich ein Überblick über die einzelnen Verfahren anschließt. Das Heft enthält weiter auch alle Formeln und Angaben, die zur Berechnung und Beurteilung der Verbrennungs- und Vergasungsvorgänge sowie der theoretischen Flammentemperatur und des Wirkungsgrades der Feuerung und des Gaserzeugers notwendig sind.

## I. Einleitung.

### A. Erklärung des Begriffes Brennstoffe.

Brennstoffe sind brennbare, natürliche oder künstliche, feste, flüssige oder gasförmige Stoffe, deren gebundene Wärme wirtschaftlich verwertet werden kann. — Als brennbar wird derjenige Stoff bezeichnet, der, auf seine Entzündungstemperatur gebracht, unter Einwirkung des Sauerstoffes der Verbrennungsluft oder anderer Sauerstoffträger unter Flamm- und Glutbildung in gasförmige Verbindungen und nicht brennbare Rückstände übergeht. Dieser Vorgang wird als Verbrennung im engeren Sinne angesprochen. Verbrennung im weiteren Sinne ist jede Oxydation. Von der großen Zahl der brennbaren natürlichen und künstlichen Stoffe werden jedoch nur diejenigen als Brennstoffe bezeichnet, die eine gewerbliche Ausnutzung ihrer gebundenen Wärme zulassen. Diese Möglichkeit ist an folgende 3 Bedingungen geknüpft: 1. müssen die Verbrennungsgase unschädlich sein, 2. muß bei der Verbrennung eine so hohe Temperatur entwickelt werden, daß das für die Ausnützung nötige Wärmegefälle entsteht, 3. muß der Brennstoff entsprechend wohlfeil sein.

Normal werden nur die festen, flüssigen und gasförmigen Stoffe, die der Hauptsache nach aus einem Gemenge von sauerstofffreien und sauerstoffhaltigen Kohlenwasserstoffverbindungen bestehen, als Brennstoffe bezeichnet. Bei einzelnen technischen Prozessen wird auch die Verbrennungswärme anderer Elemente ausgenutzt, d. h. praktisch verwertet, wie beispielsweise die des Aluminiums in der Aluminothermie oder die des Phosphors und Siliziums beim Windfrischverfahren zur Erzeugung von Stahl oder die des Schwefels bei der Abröstung des Pyrites; trotzdem werden diese Elemente nicht als Brennstoffe bezeichnet, da sie nur in diesem Sonderfall die Rolle eines solchen übernehmen.

### B. Bedeutung der Brennstoffe für die Energieversorgung der Welt.

Um diese Frage zu beantworten, ist es notwendig, zu untersuchen: 1. welche Energiequellen uns zur Verfügung stehen, 2. wie ergiebig sie sind und 3. wieweit sie zur Deckung des Energiebedarfes herangezogen werden können. Die Energie steht in den folgenden Formen zur Verfügung: 1. als Sonnenwärme, 2. als

Windkraft, 3. als Wasserkraft (lebendige Kraft des strömenden Wassers der Flüsse und Gezeiten), 4. als Brennstoff. Alle vier Formen leiten ihren Ursprung von der Sonne her, nur die Gezeiten sind teilweise auch auf die Anziehungskraft des Mondes zurückzuführen. In diesen vier Quellen ist die Energie einerseits als freie (Sonnenwärme) und gebundene Wärme oder chemische Energie (Brennstoffe), die nach kcal (WE) gemessen wird, anderseits als lebendige Kraft (Wind- und Wasserkraft), deren Stärke in PSst ausgedrückt wird, vorhanden. Um die Stärke der verschiedenen Energiequellen miteinander vergleichen zu können und ihre Bedeutung für die Energieversorgung zu erkennen, ist es notwendig, daß sie und der Energiebedarf der Welt in der gleichen Einheit ausgedrückt werden. Außer den beiden genannten Einheiten kommt als weiteres Maß die Tonne Steinkohle von 7000 kcal in Frage.

Die verschiedenen Arten der Energien (Wärme, mechanische Arbeit, lebendige Kraft einer sich bewegenden Masse, elektrische oder chemische Energie) sind einander äquivalent; d. h., sie lassen sich ineinander überführen, wobei von der Energie als solcher nichts verlorengeht, da die Summe der Energie vor und nach dem Vorgange der Umwandlung gleich ist. Die theoretischen Beziehungen zwischen den einzelnen Energieformen sind die folgenden:

$$1 \text{ mkg/sk} = 9{,}81 \text{ Watt (W)} \tag{1}$$
$$1 \text{ kcal (WE)} = 427 \text{ mkg} \tag{2}$$
$$1 \text{ PS} = 75 \cdot 9{,}81 \text{ W} = 0{,}736 \text{ kW} \tag{3}$$
$$1 \text{ PSst} = 75 \cdot 3600 \text{ mkg/sk} = 270\,000 \text{ mkg/sk} = 632 \text{ kcal} = 0{,}09 \text{ kg Steinkohle von } 7000 \text{ kcal} \tag{4}$$
$$1 \text{ kWst} = 75/0{,}736 \cdot 3600 \text{ mkg/sk} = 366\,000 \text{ mkg/sk} = 860 \text{ kcal} = 0{,}123 \text{ kg Steinkohle von } 7000 \text{ kcal} \tag{5}$$
$$1 \text{ kg Steinkohle} = 7000 \text{ kcal} = 11{,}1 \text{ PSst} = 8{,}13 \text{ kWst} \tag{6}$$

Diese theoretischen Beziehungen können aber nicht zur Umrechnung einer Energieart in die andere herangezogen werden, da bei einem Kreisprozeß, bei dem eine der Energien in die andere umgewandelt wird, eine vollständige Umwandlung nicht erreicht werden kann, ein Teil wird immer zur Deckung eines unvermeidlichen Nebenvorganges verbraucht. Für unsere Betrachtungen kommt in erster Linie die Umwandlung von gebundener Wärme in Arbeit in Frage, d. h. wir haben die Umrechnung der PSst der Wasser- und Windkräfte in kcal gebundener Wärme oder in Steinkohle vorzunehmen. Auf Grund des Wirkungsgrades einer neuzeitlichen Dampfkraftanlage bestehen zwischen diesen Einheiten bei ununterbrochener voller Ausnützung der Anlage die folgenden praktischen Beziehungen:

$$1 \text{ PSst} = 3500 \text{ kcal (gebunden)} = 0{,}5 \text{ kg Steinkohle } (7000 \text{ kcal}) \tag{7}$$
$$1 \text{ kWst} = 5300 \text{ kcal (gebunden)} = 0{,}76 \text{ kg Steinkohle } (7000 \text{ kcal}) \tag{8}$$

Zahlentafel 1. Energiebedarf der Welt (Jahr 1924).

| Energieart | Einheit in Mill. | Förderung bzw. Leistung | entspricht Steinkohle von 7000 kcal | % Anteil an der Energieversorgung |
|---|---|---|---|---|
| Braunkohle | t | 161,01 | 69,23 | 4,54 |
| Steinkohle | t | 1167,10 | 1167,10 | 76,62 |
| Erdöl | t | 150,00 | 225,00 | 14,78 |
| Wasserkraft | PS | 30,99 | 61,98 | 4,06 |
| Summe | t | — | 1523,21 | 100,00 |

1 t Braunkohle = 0,43 t Steinkohle v. 7000 kcal.
1 t Erdöl = 1,50 t Steinkohle v. 7000 kcal.
1 PS-Jahr v. 4000 st = 2,00 t Steinkohle v. 7000 kcal.

In Fig. 1 ist die Stärke der einzelnen Quellen in Form von Steinkohlenkörpern veranschaulicht. Bei Beurteilung der Stärke ist zu berücksichtigen, daß die

Sonnenwärme, die Wind- und Wasserkraft unerschöpflich sind, da sie, solange Sonnenwärme zur Erde strahlt, zur Verfügung stehen. Die Brennstoffe hingegen haben einen endlichen Wert; sie werden alljährlich nur teilweise durch das Wachstum der Pflanzen und die Vertorfung und Fäulnis der abgestorbenen Pflanzen in den Torfmooren erneuert. Bezüglich der Höhe der Vorräte nehmen die Brennstoffe die letzte Stelle ein. Wie steht es nun aber mit der Möglichkeit der Verwertung der einzelnen Energien und wieweit decken sie unseren derzeitigen Energiebedarf?

Die Sonnenwärme, die Windkraft und die Gezeitenkraft spielen heute in unserer Energieversorgung noch eine ganz untergeordnete Rolle. Sie auszunutzen ist, da sie nur zeitweise zur Verfügung stehen, heute nur dort möglich, wo es sich um einen Energiebedarf handelt, dessen Deckung an keine bestimmte Zeit gebunden ist. Ein regelmäßiger Bedarf könnte nur mit Hilfe einer Speicherung dieser Energien in irgendeiner Form gedeckt werden; diese Frage ist aber bisher praktisch noch nicht gelöst.

Die lebendige Kraft des strömenden Wassers der Flüsse ist auch nur dann ausnutzbar, wenn in der Wasserführung ein gewisser Grad der Gleichmäßigkeit vorhanden ist. Er muß in vielen Fällen erst durch Errichtung großer Stauanlagen herbeigeführt werden. Die Anlagekosten einer Wasser-Pferdekraft sind in der Regel größer als die einer Dampf-Pferdekraft.

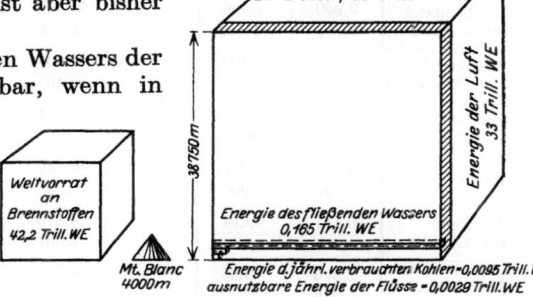

Fig. 1. Energiequellen und ihre Stärke.

Die erstere kann daher, obwohl dem Wasserkraftwerk der Betriebsstoff kostenlos zur Verfügung steht, nur dann mit der letzteren den Wettbewerb aufnehmen, wenn ihre Leistungsfähigkeit genügend ausgenutzt werden kann. Ist dies nicht möglich, so wird der Vorteil der niedrigeren Betriebskosten der Wasserkraftanlagen durch die Tilgung und Verzinsung des größeren Anlagekapitals aufgewogen.

Die günstigste Möglichkeit der Verwertung bieten heute noch immer die Brennstoffe, da sie erstens jederzeit in der notwendigen Menge leicht zur Verfügung stehen und zweitens die Anlagen, in denen sie ausgenutzt werden, rascher und billiger errichtet werden können als die Kraftanlagen zur Ausnutzung der anderen Energien. Obwohl der Preis der Brennstoffe von Jahr zu Jahr steigt, decken sie heute, wie aus Zahlentafel 1 zu ersehen ist, noch immer den weitaus größten Teil des Energiebedarfes der Welt.

Es ist in erster Linie die Steinkohle, die den Energiebedarf deckt. Die Braunkohle hat derzeit nur in Deutschland und der Tschechoslowakei einen großen Anteil an der Energieversorgung; die Wasserkräfte haben heute nur in jenen Ländern eine größere Bedeutung erlangt, die über keine erheblichen Kohlenvorräte verfügen. Mit der Abnahme dieser wird für jeden Fall die Wasserkraft in allen Staaten in immer stärkerem Ausmaße zur Energieversorgung herangezogen werden, gleichzeitig wird aber auch die Verwertung der anderen Energieformen (Gezeitenkraft und Windkraft) ein immer größeres Interesse gewinnen. Zahlentafel 2 gibt noch ein Bild über die Verteilung der Brennstoffvorräte und der ausnutzbaren Wasserkräfte auf die einzelnen Staaten; sie gibt auch einen Überblick über die Leistungen der bisher ausgebauten Wasserkraftanlagen und die Brennstofförderung und den Energiebedarf der einzelnen Länder sowie die

Lebensdauer ihrer geologisch erforschten Brennstoffvorräte unter Zugrundelegung der derzeitigen Förderung. Sie zeigt, daß nur in wenigen Ländern die Wasserkräfte die Brennstoffe voll ersetzen könnten.

**Zahlentafel 2. Energievorräte (Wasserkraft und Brennstoffe) und ihre derzeitige Ausnutzung.**

| Staat bzw. Erdteil | Wasserkraft | | fossile Brennstoffe umgerechnet in Steinkohle von 7000 kcal | | | | | | Jährlich. Energiebedarf in Mill. t Steinkohle |
|---|---|---|---|---|---|---|---|---|---|
| | ausgebaut insgesamt Mill. PS | entspricht einer Jahresförderung von Mill. t Steinkohle | Förderung¹) / Vorräte in Millionen Tonnen | | | | | Vorrat reicht für Jahre | |
| | | | Torf | Braunkohle | Steinkohle | Erdöl | Summe | | |
| England . . | 0,230 / 0,910 | 0,460 / 1,820 | 17000 | — | 271,40 / 189000 | — | 271,40 / 206000 | 760 | 211,160 |
| Deutschland (ohne Saargb.) | 0,950 / 5,700 | 1,900 / 11,400 | 20150 | 53,578 / 6500 | 118,8 / 257000 | — | 172,378 / 283650 | 1649 | 174,278 |
| Frankreich (mit Saargeb.) | 1,100 / 5,440 | 2,200 / 10,880 | — | 0,404 / 640 | 58,0 / 23000 | — | 58,404 / 33640 | 580 | 69,194 |
| Rußland (europ.) . . . | 0,782 / 59,300 | 1,564 / 118,600 | 229400 | 0,662 / 764 | 11,1 / 63000 | 5,23 / 1500 | 16,992 / 293164 | 17245 | 16,799 |
| Polen . . . | 0,137 / 3,50 | 0,274 / 7,000 | — | 0,039 / 40 | 32,1 / 169000 | 1,15 / 150 | 33,289 / 169190 | 5080 | 22,224 |
| Tschechoslowakei . . | 0,147 / 1,640 | 0,294 / 3,280 | — | 8,818 / 6250 | 14,4 / 25000 | — | 23,218 / 31250 | 1347 | 16,111 |
| Italien . . . | 2,040 / 8,770 | 4,080 / 17,540 | — | 0,449 / 96 | — | — | 0,449 / 96 | 213 | 19,400 |
| Spanien. . . | 1,20 / 5,72 | 2,400 / 11,440 | — | 0,177 / 210 | 6,1 / 8768 | — | 6,277 / 8978 | 1425 | 9,715 |
| Belgien und Luxemburg . | — | — | — | — | 23,40 / 11000 | — | 23,40 / 11000 | 470 | 22,940 |
| übrige Staaten Europas . . | 5,358 / 46,700 | 10,716 / 93,400 | 46500 | 4,165 / 2280 | 13,9 / 18600 | 2,03 / 100 | 20,095 / 67480 | 3374 | 52,649 |
| Europa . . | 11,940 / 148,180 | 23,880 / 296,360 | 313050 | 68,292 / 16780 | 548,9 / 773868 | 8,41 / 1750 | 625,602 / 1105448 | 1767 | 625,212 |
| Vereinigte Staaten. . . | 9,300 / 65,170 | 18,600 / 130,340 | — | 0,921 / 805373 | 518,6 / 1984755 | 93,27 / 1545 | 612,791 / 2791673 | 4546 | 614,429 |
| Kanada . . | 3,07 / 24,10 | 6,140 / 48,100 | — | 1,384 / 404744 | 9,1 / 254855 | 0,04 / 219 | 10,524 / 659818 | 65981 | 32,083 |
| übriges Amerika . . | 0,400 / 94,0 | 0,800 / 188,000 | — | 0,06 / — | 2,8 / unbek. | 38,07 / 3068 | 40,93 / 3068 | — | 46,50 |
| Amerika . . | 12,37 / 183,3 | 24,740 / 366,540 | 35000 | 2,365 / 1210117 | 530,5 / 2239600 | 131,380 / 4832 | 664,245 / 3480549 | 5253 | 692,625 |
| Asien. . . . | 3,62 / 142,00 | 7,240 / 284,00 | — | — | 68,6 / 1168000 | 8,250 / 2697 | 76,850 / 1218697 | 15840 | 83,490 |
| Afrika . . . | unbek. / 190 | unbek. / 380 | — | — | 11,8 / 56800 | 0,234 / 204 | 12,034 / 57434 | 4786 | 15,234 |
| Australien . . | 0,27 / 15,00 | 0,540 / 30,00 | — | 0,086 / 15093 | 18,5 / 133800 | — | 18,586 / 148893 | 8009 | 18,626 |
| Welt . . . . | 28,200 / 678,450 | 56,400 / 1356,900 | 348050 | 70,743 / 1290420 | 1178,3 / 4372068 | 141,274 / 9393 | 1390,317 / 6019931 | 4330 | 1435,187 |

1 t Braunkohle = 0,43 t Steinkohle, 1 t Erdöl = 1,5 t Steinkohle, 1 PS-Jahr (4000 st) = 2,1 t Steinkohle.

¹) Jahr 1924.

## Zahlentafel 3. Brennstoffe (natürliche und künstliche).

| Gruppe | natürliche | | künstliche | | |
|---|---|---|---|---|---|
| | Art | unterer Heizwert[1]) | Art | unterer Heizwert[1]) | Verfahren der Herstellung |
| fest | Holz, lufttrocken | 2800 bis 3600 | Holzkohle | 6500÷7500 | trockene Destillation des Holzes |
| | Torf, lufttrocken (fossile) | 3300 bis 4500 | Torfbriketts | 4000÷5500 | Brikettierung von Torf |
| | | | Torfkoks | 6500÷7000 | trockene Destillation des Torfes |
| | Braunkohle | 2000 bis 6000 | Kohlenstaub | 4000÷6000 | Trocknung und Vermahlung der Braunkohle |
| | | | Braunkohlenbriketts | 4500÷7000 | Trocknung und Brikettierung der Braunkohle |
| | | | Grudekoks | 5000÷6000 | trockene Destillation der Schwel-Braunkohle |
| | Steinkohle | 4500 bis 7500 | Kohlenstaub | 5000÷7800 | Trocknung und Vermahlung der Steinkohle. Flotation des Kohlenschlammes |
| | | | Steinkohlenbriketts | 5500÷8000 | Brikettierung der Kleinkohle |
| | | | Gaskoks | 7000÷8000 | trock. Destill. von Gaskohle |
| | | | Zechenkoks | 7000÷8000 | trock. Destill. der Kokskohle |
| | | | Halbkoks | 6500÷7000 | trock. Destill. der jüngeren Steinkohlen |
| flüssig | Erdöl | 10000 bis 11000 | Benzin | 10160 | Stufenweise Destillation des Erdöles — bis 150° |
| | | | Petroleum | 10500 | 150÷300° |
| | | | Treib- oder Schmieröl | 10200 | 300÷350° |
| | | | Masut | 10000 | über 350° |
| | Ölschiefer | — | Schieferöl | 9800 | trock. Dest. od. Vergasung d. Ölschiefers |
| | — | — | Braunkohlenteer | 9800 | trock. Dest. der Braunkohle |
| | | | Steinkohlenteer | 8800 | trock. Dest. der Steink. bei hoher Temperatur |
| | | | Urteer | 9800 | trock. Dest. der Steink. bei tiefer Temperatur |
| | | | flüssige Kohle | — | Hochdruckhydrierung der Steinkohle |
| | | | synthetische Öle | — | durch Vereinigung von CO und H$_2$ bei hoher Temperatur (400÷450°) und hohem Druck bei Gegenwart von Katalysatoren |
| | | | Alkohol | — | Durchgärung von Kohlenhydraten |
| gasförmig | Naturgas | 8500 | Reichgase — Destill.gas — Schwelgas | 3800÷6900 | trock. Destill. von festem Brennstoff bei tiefer Temperatur |
| | | | Leuchtgas | 5000 | trock. Destill. von Gaskohle bei hoher Temperatur |
| | | | Koksofengas | 4800 | trock. Destill. v. Kokskohle bei hoher Temperatur |
| | | | Vollgase — Wassergas | 2600 | Vergasung v. Koks mit Wasserdampf |
| | | | Kohlenwassergas | 2600÷2800 | Vergasung v. Kohle m. Wasserdampf |
| | | | Oxygas | — | Vergasung v. Kohle mit Sauerstoff u. Wasserdampf |
| | | | Schwachgase — Luftgas | 900÷1150 | Vergasung v. Koks u. rohem festen Brennstoff mit Luft |
| | | | Halbgas | 1180÷1450 | Vergasung von Koks und rohem festen Brennstoff mit Luft und wenig Dampf |
| | | | | bis 1400 | Vergasung von Koks und rohem festen Brennstoff mit Luft und mehr Dampf |
| | | | Regenerativgas | — | Vergasung von Koks und rohem festen Brennstoff mit Luft und CO$_2$-hältigen Gasen |
| | | | Ölgase — Kaltluftgas | 2000÷3000 | Verdampfung von flüssigen Brennstoffen im Luftstrom |
| | | | Spaltgas | 6000 | Vergasung v. flüssigen Brennstoffen |
| | | | Carbogas | 7000 | Verdampfung v. flüssig. Brennstoffen in einem Strom brennbarer Gase |
| | | | Edelgase — Acetylen | 13500 | Zersetzung von Calciumkarbid |
| | | | Wasserstoff | 2560 | Zersetzung von H$_2$O und aus Wassergas |

[1]) In kcal für 1 kg bzw. 1 m³.

## II. Einteilung.

Die Brennstoffe werden in die beiden großen Gruppen der natürlichen (rohen) und künstlichen (veredelten) Brennstoffe eingeteilt. Jede dieser Hauptgruppen zerfällt wieder in die Untergruppen der festen, flüssigen und gasförmigen Brennstoffe. Zahlentafel 3 bringt eine Übersicht über die Brennstoffe der einzelnen Gruppen. Die künstlichen Brennstoffe werden danach aus den natürlichen Brennstoffen hergestellt. Ihre Verwendung ist daher von der Höhe der Vorräte der Ausgangsbrennstoffe abhängig. Fig. 2 gibt die Höhe der sicheren und wahrscheinlichen Weltvorräte der festen und flüssigen Brennstoffe in Steinkohle von 7000 kcal ausgedrückt und ihre Verteilung auf die verschiedenen Weltteile wieder. Die gasförmigen rohen Brennstoffe sind in diesem Schaubild nicht aufgenommen, da ihre Menge nicht genau festgestellt werden kann, sie ist außerdem so gering, daß sie bei dem Maßstab der Fig. 2 nicht dargestellt werden kann. Der Figur ist zu entnehmen, daß die festen Brennstoffe und unter diesen die Steinkohlen an erster Stelle stehen. Die Verteilung der sicheren und wahrscheinlichen Vorräte der festen und flüssigen Brennstoffe auf die wichtigsten Staaten Europas geht aus Zahlentafel 2 hervor. Fig. 3 zeigt die Entwicklung der Weltförderung an Braunkohle, Steinkohle und Erdöl und der Weltkokserzeugung.

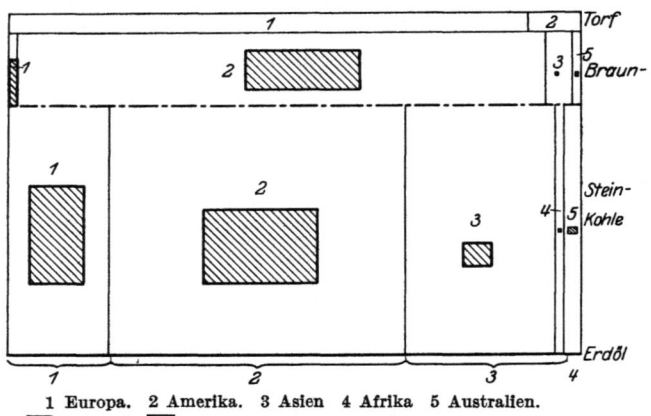

1 Europa. 2 Amerika. 3 Asien 4 Afrika 5 Australien.
Sichere, wahrscheinliche Vorräte. 1 mm² = 1 Mill. t.
Fig. 2. Vorräte an Erdöl, Steinkohle, Braunkohle und Torf.

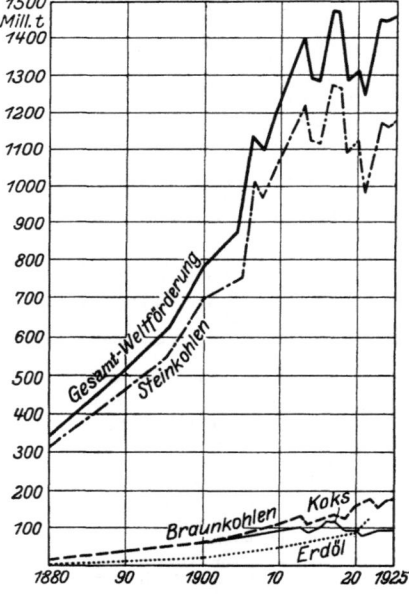

Fig. 3. Weltförderung an Steinkohle, Braunkohle und Erdöl und Weltkokserzeugung.

## III. Feste Brennstoffe.

### A. Allgemeines.

Die natürlichen festen Brennstoffe zerfallen in die Untergruppen Holz, Torf, Braun- und Steinkohle. Der Torf und die Kohlen werden als fossile Brennstoffe bezeichnet. Sie sind die Zersetzungsprodukte von Pflanzen und Tieren. Potonié teilt die Kohle (brennbares Gestein oder Kaustobiolithe) nach der Herkunft ein. 1. in Sapropelithe oder Faulschlammgesteine, die sowohl aus Tieren als auch aus Pflanzen entstanden sind. Sie besitzen einen hohen Gehalt an Abbauprodukten der Fett- und Eiweißstoffe (Bitumen), 2. in

Zahlentafel 4. Arten der Kohlenbildung nach Potonié.

| | Bezeichnung des Vorganges | Verhalten d. $O_2$ | Verhalten des $H_2O$ | Es handelt sich kurz | | Entstehende Gesteine | | |
|---|---|---|---|---|---|---|---|---|
| Prozesse, denen besonders Land- und Sumpf- pflanzen aus- gesetzt sind | Verwesung | bei voller Gegenwart von $O_2$ | und Vorhan- densein von Feuchtigkeit | um eine vollständige Oxydation | | Es bleiben keine brennbaren C-haltigen Produkte zurück, unter Umständen höchstens Liptobiolithe aus den Harz- resten u. dgl. | | |
| | Ver- moderung | bei Gegen- wart von weniger $O_2$ | | | In- koh- lung | Feste Ver- bindungen, die C-reiche Kohlen- wasserstoffe ergeben | Moder | |
| | Vertorfung | zunächst bei Gegenwart, sodann bei Abschluß von $O_2$ | zunächst bei Gegenwart von Feuchtigkeit, so- dann in sta- gnierendem $H_2O$ | wesentlich um Destil- lationen, Reduk- tionen | | | Torf | Humus |
| Prozeß, dem be- sonders die ech- ten Wasserorga- nismen ausge- setzt sind | Fäulnis | bei Abschluß von $O_2$ | in stagnierendem $H_2O$ | | Bitu- minie- rung | feste Verbindun- gen, die C-ärmere (H-reichere) Kohlenwasser- stoffe liefern | | Sapropel |

Humusgesteine, die ihre Entstehung nur Pflanzen verdanken und 3. in Lipto- biolithe oder harz- und wachsartige Gesteine, die meist unzersetzt oder wenig zersetzt aus den Harzen und Wachsen der Pflanzen hervorgegangen sind. Zahlen- tafel 4 gibt die verschiedenen Arten der Kohlenbildung nach Potonié wieder. Es haben danach alle Arten der Zersetzungsvorgänge an der Entstehung der festen Brennstoffe teilgenommen. Den Hauptanteil an der Entstehung der fos- silen Brennstoffe haben die Pflanzen, so daß die Kohlen zum weitaus größten Teil Humuskohlen sind. Die organische Substanz der Pflanzen besteht aus etwa $70^0/_0$ Zellulose und etwa $30^0/_0$ Lignin; es ist daher erklärlich, daß bis vor kurzem die Zellulose als die Ursubstanz der Kohle angesehen wurde. Durch die Ergebnisse der Untersuchungen von Fischer und Schrader, die in der Zwischenzeit auch von anderen Forschern bestätigt wurden, ist jedoch erwiesen, daß die Kohlen ihre Entstehung in erster Linie dem Lignin verdanken. Bei der Vertorfung oder der Vermoderung der Pflanzen wird die Zellulose unter Mit- wirkung von Bakterien zerstört. Sie geht in Kohlensäure, Wasser, Methan und wasserlöslichen Säuren, wie Ameisen- und Essigsäure über, während das Lignin zuerst in Huminsäuren, dann in die alkalisch löslichen Huminstoffe der Braun- kohle und schließlich in die Kohlensubstanz der Steinkohle umgewandelt wird. Die Veränderung des Lignins besteht in einem fortschreitenden Kondensations- vorgang (Vergrößerung der Moleküle), bei dem die chemische Struktur des Lignins, es ist die Benzolstruktur, unverändert bleibt. Die harz- und wachsartigen Be- standteile der Pflanzen gehen in das Kohlenbitumen über. In dem Braunkohlen- bitumen sind die Harze und Wachse der Pflanzen in ziemlich unveränderter Form vorhanden. In dem Steinkohlenbitumen haben sie schon weitgehendere Veränderungen erfahren. Der Hauptanteil der Kohle baut sich also aus Wasser- stoff, Sauerstoff, Stickstoff und schwefelhaltigen Kohlenstoffverbindungen auf, deren Struktur die Benzolstruktur ist.

Nach den Ergebnissen der Untersuchungen von Erdmann sind die Braun- und Steinkohlen als die Endglieder verschiedener Entwicklungsreihen anzusehen, d. h. es kann aus demselben Ausgangsstoff Braun- oder Steinkohle ent- stehen. Was entsteht, wird bloß von den Umständen abhängen, unter denen die Kohlenbildung vor sich geht. Der Inkohlungsprozeß führt über Torf zuerst zur Braunkohle. Es wird dabei ein Gleichgewichtszustand erreicht, der, wenn nicht weitere Einflüsse zur Geltung kommen, unveränderlich ist. Soll die Braunkohle weiter in Steinkohle übergehen, so müssen als neue Faktoren

Druck und Temperatur hinzukommen. Das chemische Verhalten beider Kohlen ist verschieden: Erstens sind die flüchtigen Produkte der trockenen Destillation der Braunkohle, und zwar auch der ältesten, stets sauer, während die der Steinkohle immer basisch reagieren; zweitens ist bei der Behandlung beider Kohlen mit heißer Kalilauge ein Unterschied festzustellen: Während alle Braunkohlen von ihr teilweise gelöst werden, ist dies bei der Steinkohle nur ausnahmsweise der Fall. Drittens wirkt verdünnte Salpetersäure auf beide Brennstoffe verschieden ein. Während Torf und Braunkohle, mit verdünnter Salpetersäure behandelt, schon bei Wasserbadwärme reichlich Gas entwickeln, ist dies bei der Steinkohle bei dieser Temperatur noch nicht der Fall.

Die Kohlenbildung kann einerseits am Ort des Wachstums der Pflanzen vor sich gegangen sein; man bezeichnet dies als ein autochthones oder bodeneigenes Entstehen. Anderseits ist es möglich, daß die Pflanzenreste durch Meeresströmungen oder durch Flüsse an den Kohlenlagerstätten zusammengetragen wurden. Im letzteren Falle spricht man von einer allochthonen oder bodenfremden Kohlenbildung. Für die Mehrzahl der Kohlenlager ist autochthones Entstehen sicher.

Die festen Brennstoffe enthalten neben C, $H_2$, $O_2$, noch $N_2$, S, $H_2O$ und anorganische Bestandteile. Bei dem Wasserstoff unterscheidet man den Gesamtgehalt und den Gehalt an disponiblen oder frei verfügbaren Wasserstoff. Die Höhe des letzteren wird erhalten, wenn von dem Gesamtwasserstoffgehalt der achte Teil des Sauerstoffgehaltes des Brennstoffes in Abzug gebracht wird, nachdem bei der Verbrennung des Wasserstoffs zu Wasser 1 kg Wasserstoff 8 kg Sauerstoff äquivalent sind. Sämtliche Bestandteile des Brennstoffes entstammen den Ausgangsstoffen. Der Schwefel kann teilweise auch durch Reduktion der Sulfate des Grundwassers in den Brennstoff gelangt sein. Die anorganischen Bestandteile können zum Teil aus Ablagerungen von Schlamm, Sand und anderen mineralischen Bestandteilen in den Stätten der Kohlenbildung herrühren. Sie bleiben beim Verbrennen und der Vergasung der Brennstoffe als Asche zurück. Das Verhalten der einzelnen Bestandteile bei der Verbrennung, Ent- und Vergasung, wird bei Besprechung dieser Vorgänge erörtert werden.

Von den Bestandteilen der Kohle verändert die Asche und die Feuchtigkeit den inneren Charakter der Kohle nicht; sie drücken aber ihren Heizwert und ihre Entzündungsfähigkeit herab. Die Asche, die aus Kieselsäure, Schwefelsäure, Phosphorsäure, Kalk, Magnesiumoxyd, Eisenoxyd, Tonerde, Kalium- und Natriumoxyd in wechselnden Gewichtsverhältnissen besteht, kann den Wert des Brennstoffes außerdem noch dadurch vermindern, daß sie bei der Verbrennung zum Verschlacken neigt, wodurch sie einerseits unverbrannte Brennstoffe einschließen und dem Rostdurchfalle zuführt, anderseits den Luftzutritt und damit eine gleichmäßige Verbrennung oder Vergasung erschwert. Sämtliche Einflüsse werden den Wirkungsgrad erniedrigen. Die Asche der Brennstoffe wird nach ihrem Schmelzpunkt als leichtflüssig — Schmelzpunkt unter $1200^0$ —, als flüssig — Schmelzpunkt $1200 \div 1350^0$, streng flüssig — Schmelzpunkt $1350 \div 1500^0$, sehr streng flüssig — Schmelzpunkt $1500 \div 1650^0$ — und als feuerfest — Schmelzpunkt über $1650^0$ — bezeichnet.

Die Feuchtigkeit erhöht die Menge der Abgase; sie drückt dadurch die Flammentemperatur herunter und vermehrt die Verluste an Abgaswärme. Auch sie erniedrigt also den Wirkungsgrad. Der Wert eines Brennstoffes wird um so größer sein, je mehr Kohlenstoff und frei verfügbarer Wasserstoff, je weniger Sauerstoff, Schwefel, Feuchtigkeit und Asche er enthält.

Zahlentafel 5 gibt eine Übersicht über die Zusammensetzung der festen rohen (wasser- und aschehaltigen) und reinen (wasser- und aschefreien) Brennstoffe sowie ihren Heizwert. Sie enthält auch Angaben über die Erdperioden, denen die verschiedenen Brennstoffe entstammen und unterrichtet weiteres darüber, wieviel Sauerstoff, Feuchtigkeit und Asche auf 7000 kcal der rohen Brennstoffe kommen, und welche Flammentemperatur bei der Verbrennung mit der theoretischen Luftmenge bei Ausschaltung etwaiger Dissoziationsvorgänge bei dieser Verbrennung erreicht werden können. Sie zeigt auch, wieviel kcal (WE) auf einen $m^3$ Abgas bei der Verbrennung mit der theoretischen Luftmenge entfallen. Dieser Wert sowie der Gehalt an Sauerstoff, Wasser und Asche für je 7000 kcal des Brennstoffes geben bis zu einem gewissen Grad einen Maßstab für den Wert des Brennstoffes. Dieser wird auch noch in jedem Einzelfall durch die Stückgröße, seinen Schwefel- und Stickstoffgehalt, sein Verhalten bei der Verbrennung, Ver- und Entgasung beeinflußt. Aus der Tafel ist zu ersehen, daß mit dem geologischen Alter der $H_2$-, $O_2$- und $H_2O$-Gehalt sowie der Gehalt an flüchtigen Bestandteilen abnimmt, während der Gesamtgehalt an fixem Kohlenstoff zunimmt, und daß der Wasser-, Asche- und Schwefelgehalt bei derselben Brennstoffart starken Schwankungen unterliegt.

Die Kohlen verlieren bei längerem Lagern an Wert; sie verwittern. Bei den gasreichen Kohlen tritt die Verwitterung stärker auf; ein größerer Schwefelkiesgehalt, kleine Stückgröße, Feuchtigkeit in Form von Regen und Schnee begünstigt sie. Der Wertverlust, der durch die Verwitterung entsteht, kann innerhalb Jahresfrist bei Steinkohle bis zu 10 %, bei Braunkohle bis zu 15 % betragen. Die Wertverminderung tritt dadurch ein, daß ein Teil des frei verfügbaren Wasserstoffes und Kohlenstoffes durch den Sauerstoff der Luft zu $H_2O$ und $CO_2$ oxydiert wird, während gleichzeitig ein Teil des Sauerstoffes der Luft durch die ungesättigten Verbindungen der Kohle gebunden wird. Es tritt dadurch eine Änderung der chemischen Zusammensetzung der Kohle ein, die nicht nur ihren Heizwert, sondern auch ihr Verhalten bei der Verkokung ungünstig beeinflußt. Die Aufnahme von Sauerstoff kann mitunter von einer solchen Temperatursteigerung begleitet sein, daß Selbstentzündung auftritt. Nach den Mitteilungen der bayrischen Landeskohlenanstalt verhalten sich die verschiedenen Brennstoffe beim Lagern wie folgt:

Bei Koks und Anthrazit besteht die Gefahr der schnellen Verwitterung oder Selbstentzündung nicht. Koks muß jedoch infolge seiner Porosität vor Nässe geschützt werden. Steinkohlenbriketts verlieren wenig an Heizwert, da sie die Pechhülle vor der Einwirkung des Luftsauerstoffes schützt. Selbstentzündung ist bei ihnen nur bei zu hoher und zu dichter Lagerung möglich. Steinkohlen aus dem Saarrevier zeigen nur geringe Verluste bei der Lagerung. Bei Steinkohlen aus der Ruhr, aus Schlesien und Sachsen schwanken die Lagerverluste erheblich. Die Gefahr der Selbstentzündung ist vorhanden. Braunkohle ist der Verwitterung und Selbstentzündung leichter ausgesetzt als Steinkohle. Regen und Wind erhöhen die Gefahr. Auch Braunkohlenbriketts neigen zur Selbstentzündung. Sie dürfen daher nicht auf Bodenräumen gelagert werden. Der Lagerung der festen Brennstoffe ist für jeden Fall das größte Augenmerk zu schenken. Die genannte Stelle empfiehlt für die Lagerung von Kohlen die Anwendung der folgenden Regeln:

1. Möglichst nur stückige Kohle auf Lager bringen, Feinkohle baldigst den Feuerstätten zuführen. 2. Verschiedene Kohlensorten getrennt lagern. 3. Entmischung der Kohle bei der Beschickung des Lagers verhindern. 4. Durchsaugen oder Durchstreichen von Luft durch die Kohle, vor allem in Kohlenbunkern, verhindern, Abfallöffnungen der Bunker dicht schließen. Die großen Bunker, die an die Kesselhäuser angebaut sind, müssen geschlossen gehalten werden, da sonst

Feste Brennstoffe.

Zahlentafel 5. Zusammensetzung der

| Geolog. Periode | Brennstoff | | No. | Reiner Brennstoff trocken und aschenfrei, | | | | | | |
|---|---|---|---|---|---|---|---|---|---|---|
| | | | | C % | H₂ % ges. | H₂ % frei | O₂ % | N₂ % | S % | Heizwert kcal/kg |
| Jetztzeit | Holz | Fichte | 1 | 50,36 | 6,71 | 1,43 | 42,28 | 0.65 | — | 4500 |
| | | Buche | 2 | 50,00 | 6,02 | 0,59 | 43,48 | 0,50 | — | 4500 |
| Jetztzeit und Diluvium | Torf | junger | 3 | 50,00 | 6,5 | 1,2 | 42,4 | 1,2 | — | 5000 |
| | | alter | 4 | 64,0 | 6,5 | 3,0 | 27,9 | 1,7 | — | 5700 |
| Alluvium und Diluvium | Braunkohle | Lignit | 5 | 64,0 | 5,6 | 2,1 | 29,0 | 0,8 | 0,5 | 6000 |
| | | mulmige | 6 | 66,0 | 5,1 | 1,9 | 26,0 | 0,70 | 3,0 | 6000 |
| Tertiär | | gemeine | 7 | 70,0 | 5,4 | 2,5 | 23,0 | 0,80 | 0,80 | 6500 |
| | | Schwelkohle (Boghead) | 8 | 75,0 | 7,4 | 5,4 | 16,4 | 0,25 | 1,1 | 7500 |
| Tertiär und Karbon | | Glanzkohle (alp.) | 9 | 72,0 | 6,1 | 3,5 | 20,0 | 1,10 | 0,6 | 6800 |
| | Steinkohle (gewaschen) | Trockene Kohle | 10 | 83,5 | 5,1 | 3,9 | 9,6 | 0,60 | 1,0 | 7700 |
| | | Gaskohle | 11 | 85,0 | 5,5 | 3,3 | 9,5 | 1,2 | 0,8 | 8000 |
| Karbon | | Fette Kohle (Schmiedekohle) | 12 | 87,0 | 5,3 | 4,6 | 6,0 | 1,0 | 0,8 | 8300 |
| | | Fette Kohle (Kokskohle) | 13 | 89,0 | 4,5 | 3,9 | 4,8 | 1,1 | 0,8 | 8400 |
| | | Magerkohle | 14 | 92,0 | 3,0 | 2,6 | 3,0 | 1,0 | 0,8 | 8750 |
| Karbon und Silur | | Anthracit | 15 | 94,0 | 2,0 | 1,7 | 2,0 | 1,0 | 0,8 | 8200 |
| — | Destillations-Rückstände | Holzkohle | 16 | 84,0 | 3,3 | 1,7 | 12,7 | — | — | 7300 |
| | | Grudekoks | 17 | 91,9 | 2,3 | 2,0 | 2,7 | | 1 | 7800 |
| | | Gaskoks | 18 | 96,6 | 0,72 | 0,5 | 2,01 | | 1 | 8000 |
| | | Zechenkoks | 19 | 97,0 | 0,56 | 0,36 | 1,75 | | 1 | 8000 |
| | | Halbkoks | 20 | 90,1 | 3,6 | 2,9 | 6,0 | 0,6 | 1 | 8000 |

die heiße Kesselhausluft durch die Beschickungsschläuche abgesaugt wird, was leicht zur Selbstentzündung der in ihnen lagernden Kohlen führen kann. 5. Kohle tunlichst gegen Sonne, Regen und Schnee schützen (Abdeckung). 6. Für möglichst gute Wärmeabfuhr sorgen. (Bunkerwände aus Mauerwerk oder Beton, nicht aus Holz oder Eisengestellen.) 7. Kohlenlager nicht zu hoch beschütten. (Höchstschütthöhe im Freien 5 m, im Schuppen 4 m, für Braunkohle in beiden Fällen nicht über 3 m.) 8. Kohlenlager wasserdicht abdecken oder entwässern. 9. Dampfleitungen und andere Wärmeträger von den Lagern fernhalten. 10. Temperaturverlauf dauernd verfolgen. (Einstecken eiserner Rohre in die Kohlenlager, Temperatur soll 50÷60° nicht übersteigen.) 11. Ist an irgendeiner Stelle des Kohlenlagers ein Brandherd zu befürchten, so ist der Kohlenhaufen sofort auseinanderzureißen; das Ablöschen geschieht am besten durch Abdecken der brennenden Stelle mit Sand, Asche oder Erde. Nur bei großer Gefahr ist ein Ablöschen mit Wasser anzuraten.

verschiedenen festen Brennstoffe[1]).

| Heiz-wert kcal | C % | H₂ % ges. | H₂ % frei | O₂ % | N₂ % | S % | Asche % | H₂O % | flücht.[2] Bestandt. % | Auf 7000 kcal entfallen kg Roh-kohle | Auf 7000 kcal entfallen kg Ballast-stoffe[3] | Asche | Auf 1 m³ Abgas entfallen kcal bei 0% Luft-Übersch. | Auf 1 m³ Abgas entfallen kcal bei 50% Luft-Übersch. | No. |
|---|---|---|---|---|---|---|---|---|---|---|---|---|---|---|---|
| 3500 | 39,56 | 5,3 | 1,20 | 33,2 | 0,50 | — | 1,5 | 20 | 70—80 | 2 | 1,146 | 0,03 | 774 | 545 | 1 |
| 3600 | 39,80 | 4,8 | 0,50 | 34,8 | 0,40 | — | 1,4 | 20 | 70—80 | 1,94 | 1,146 | 0,007 | 807 | 570 | 2 |
| 3260 | 34,0 | 4,4 | 0,80 | 28,8 | 0,80 | — | 7 (5—15) | 25 | 65—75 | 2,14 | 1,228 | 0,149 | 791 | 568 | 3 |
| 3800 | 42,8 | 4,3 | 2,0 | 18,8 | 1,13 | — | 8,5 (5—15) | 25 | 65—75 | 1,84 | 0,849 | 0,156 | 795 | 540 | 4 |
| 3300 | 35,8 | 3,1 | 1,1 | 16,2 | 0,42 | 0,25 (0,3—1) | 7,0 (5—12) | 35 (30—40) | 65—75 | 2,12 | 1,127 | 0,19 | 786 | 574 | 5 |
| 2700 | 29,7 | 2,30 | 0,85 | 11,7 | 0,24 | 1,30 (1—3) | 15 (10—20) | 40 (40—60) | 65—75 | 2,58 | 1,376 | 0,388 | 750 | 535 | 6 |
| 4680 | 52,4 | 3,89 | 2,20 | 13,8 | 0,60 | 0,7 (0,5—3) | 3 (5—15) | 25 (20—30) | 65 | 1,49 | 0,603 | 0,055 | 796 | 553 | 7 |
| 6300 | 63,7 | 6,20 | 4,50 | 13,6 | 0,20 | 1,0 (0,5—1,5) | 6 (5—10) | 9 (5—15) | 60 | 1,11 | 0,268 | 0,066 | 852 | 592 | 8 |
| 5500 | 59,3 | 4,90 | 2,90 | 16,5 | 0,90 | 0,5 (0,5—3) | 12 (10—15) | 7 (5—15) | 50 | 1,27 | 0,422 | 0,152 | 854 | 572 | 9 |
| 6900 | 73,4 | 4,50 | 3,40 | 8,5 | 0,54 | 1 (0,5—3,0) | 10 (5—15) | 2 (2—10) | 40 | 1,01 | 0,117 | 0,10 | 890 | 600 | 10 |
| 7000 | 76,5 | 5,00 | 3,90 | 8,6 | 0,96 | 0,7 (0,5—1,5) | 7,5 | 2 (1—4) | 35 | 1 | 0,117 | 0,07 | 847 | 570 | 11 |
| 7400 | 78,3 | 4,70 | 4,00 | 5,4 | 0,90 | 0,7 | 7,5 | 2 | 30 | 0,94 | 0,076 | 0,071 | 879 | 594 | 12 |
| 7500 | 80,1 | 4,00 | 3,40 | 4,5 | 0,96 | 0,7 | 7,5 | 2 (1—4) | 25 | 0,93 | 0,064 | 0,07 | 901 | 624 | 13 |
| 7400 | 83,8 | 2,7 | 2,40 | 2,7 | 0,90 | 0,7 | 7,5 | 2 (1—4) | 15 | 0,94 | 0,047 | 0,071 | 911 | 616 | 14 |
| 7400 | 83,6 | 1,80 | 1,60 | 1,9 | 0,90 | 0,7 | 7,5 | 2 (1—4) | 5 | 0,94 | 0,038 | 0,071 | 886 | 596 | 15 |
| 6800 | 78,9 | 3,0 | 1,50 | 12,1 | — | — | 1 | 5 | — | 1,03 | 0,192 | 0,01 | 883 | 596 | 16 |
| 5850 | 69,0 | 1,70 | 1,50 | 2,7 | 0,7 | 20 | 5 | — | | 1,19 | 0,094 | 0,239 | 865 | 582 | 17 |
| 6900 | 83,5 | 0,60 | 0,50 | 1,7 | 0,8 | 9 | 5 | — | | 1,01 | 0,068 | 0,09 | 892 | 597 | 18 |
| 7100 | 87,0 | 0,60 | 0,55 | 1,5 | 0,9 | 8 | 3 | — | | 0,98 | 0,111 | 0,08 | 884 | 591 | 19 |
| 6700 | 75,6 | 3,0 | 2,4 | 5,2 | 0,5 | 0,8 | 9 | 7 | — | 1,04 | 0,136 | 0,093 | 868 | 586 | 20 |

[1]) Bezüglich der Verbrennungstemperatur der einzelner Brennstoffe siehe Tabelle 24.
[2]) Die Hundertsätze des fixen Kohlenstoffes ergeben sich durch Subtraktion von 100.
[3]) Ballaststoffe = Feuchtigkeit + Sauerstoff + Differenz zwischen Gesamt- und freiem Wasserstoff.

## B. Holz und Holzkohle.

**1. Holz.** Das Holz wird von den Bewohnern der Erde schon von der Zeit an, zu der sie die nutzbare Verwertung des Feuers kennengelernt haben, als Brennstoff benutzt. Bis zur Wende des 18. Jahrhunderts wurde der Brennstoffbedarf nahezu ausschließlich durch das Holz gedeckt. Mit der Entwicklung der Industrie und Technik, die zu einer weitgehenden Steigerung des Brennstoffverbrauches geführt hat, hat es seine Bedeutung als Brennstoff verloren, da der jährliche Holzzuwachs, der mit 3000 kg je ha Waldfläche angenommen werden kann, zu seiner Deckung und zur Deckung des Holzbedarfes als Bau- und Rohstoff für die verschiedenen Industriezweige nicht genügt. Das Holz baut sich aus der Holzfaser auf, die aus der Zellulose und dem Lignin besteht.

Es enthält außerdem noch geringe Mengen Stickstoff und den Holzsaft. Dieser ist eine wässerige Lösung von anorganischen Salzen und verschiedenen organischen Stoffen, wie Eiweiß, Zucker, Gummi, zu denen bei den Nadelhölzern noch das Harz und ätherische Öle, bei den Eichensorten die Gerbsäure treten. Je nach der Jahreszeit, dem Standort und der Art des Baumes ist die Menge des Holzsaftes verschieden. Selbst in derselben Baumart sind im Stamm, den Wurzeln und den Ästen Unterschiede in seinem Gehalt vorhanden. Im Winter ist der Wassergehalt des Holzes geringer. Er kann im frischgefällten Holz bis zu 60 % ansteigen, das daher vor der Verwendung bis zu zwei Jahren lagern muß. Im lufttrockenen Zustande enthält es immer noch etwa 10÷20 % Wasser. Die Zusammensetzung der Holzsubstanz weist bei unseren Nutzhölzern nur geringe Schwankungen auf. (s. Zahlentafel 5.) Je nach dem spezifischen Gewichte und der Festigkeit, die mit der Dichte des Zellengewebes zusammenhängt, unterscheidet man harte und weiche Hölzer. Das spezifische Gewicht der harten Hölzer beträgt mindestens 0,55. Sie sind durchgehende Laubhölzer. Hartholz liefern: Apfel-, Birn-, Pflaumen-, Nußbaum, Buche, Ulme, Robinie, Eiche, Weißbuche, Waldkirsche, Hainbuche, Ahorn und Weißdorn. Weichhölzer sind: Tanne, Lärche, Kiefer, Erle, Birne, Roßkastanie, Linde, Pappel. Der Aschengehalt des Holzes schwankt von 1,2÷2,3 %. Die Asche enthält bis zu 25 % Pottasche und besteht aus kohlen-, schwefel-, phosphor- und kieselsauren Salzen des Natriums, Kaliums, Mangans, Eisens und Magnesiums. Der Phosphorgehalt der Asche beträgt höchstens 3 %. Das Holz entzündet sich bei einer Temperatur von 250÷300°. Es entwickelt beim Brennen eine lange Flamme, die es für die Beheizung von Kesseln und Flammöfen sehr verwendbar macht. Die weichen Hölzer geben eine rasche wenig nachhaltige Heizung, die harten Hölzer kräftige und länger andauernde Glut. Der geringe Aschengehalt und die Abwesenheit des Schwefels sind vorteilhafte Eigenschaften dieses Brennstoffes. Sein Heizwert beträgt im lufttrockenen Zustande 2800÷3600 kcal. In den kohlenarmen aber holzreichen Gegenden wird Holz sogar auch zum Betriebe von Stahlschmelzöfen herangezogen, zu welchem Zwecke es, wie die anderen Brennstoffe, in Gaserzeugern vergast wird. Seine direkte Verwendung im Hochofenbetriebe ist auch schon versucht worden. Es wird nach Festmetern oder Raummetern gehandelt. Unter einem Festmeter versteht man die auf 1 m³ kommende Holzmasse, während unter Raummeter 1 m³ geschlichtetes Holz verstanden wird. Das Gewicht des Raummeters ändert sich mit dem Feuchtigkeitsgehalt und der Form der Holzstücke. Die Gewichte von 1 m³ lufttrockenem Holz schwanken von 500 (Fichte, Pappel) bis zu 800 kg (Buche, Eiche, Pechkiefer).

**2. Holzkohle.** Die Verwendung der Holzkohle ist ebenfalls schon sehr alt. Die Beobachtung, daß verkohltes Holz bei der Verbrennung höhere Temperaturen entwickelt, wird dazu geführt haben, sie bewußt herzustellen. Sie ist das Produkt der trockenen Destillation des Holzes.

Je nach den Betriebsverhältnissen werden 20÷35 % des Holzgewichtes als Holzkohle erhalten. Holzkohle enthält, wie die in Zahlentafel 5 wiedergegebene Zusammensetzung zeigt, noch geringe Mengen an $H_2$ und $O_2$. Sie ist leicht entzündbar, 250°, und verbrennt mit kurzer, blauer Flamme. Ihr Heizwert schwankt innerhalb der Grenzen von 6500÷7500 kcal. Gute Holzkohle hat eine tiefgraue Farbe mit schwachem stahlblauen Glanz. Sie weist noch deutlich das Holzgefüge auf und besitzt einen scharfkantigen, muscheligen Bruch. Ihr spezifisches Gewicht ist sehr gering (0,2÷0,4). Sie ist porös und nimmt daher beim Liegen Feuchtigkein an, außerdem besitzt sie die Fähigkeit, größere Mengen von gasförmigen Stoffen leicht zu absorbieren. Ihr großer Vorzug liegt neben ihrem hohen Heizwert in der leichten Verbrennbarkeit und der Schwefelfreiheit. Sie wird zum Betrieb der Holzkohlenhochöfen, weiter zur Heizung von Schmiedefeuern, Lötöfen, zur Zementation des Stahles, zur Rückkohlung des flüssigen Stahles und zu vielen andern Zwecken verwendet.

## C. Torf, Torfbriketts und Torfkoks.

**1. Torf.** Der Torf hat als Brennstoff ebenfalls nur örtliche Bedeutung. Erstens sind seine Vorräte im Verhältnis zu den Vorräten der andern fossilen Brennstoffe nicht groß und zweitens ist sein Heizwert und sein spezifisches Gewicht so gering, daß er weite Verfrachtung nicht verträgt. Er ist das erste Zersetzungsprodukt der abgestorbenen Pflanzen und entsteht dauernd in den Mooren, die in muldigen Geländen mit undurchlässigem Boden (Lehm oder Ton) anzutreffen sind. In dem Faulschlamm dieser Moore gedeihen alle Arten von Sumpfpflanzen (Moose und Algen), die nach dem Absterben durch das stehende Wasser der Moore vor der Verwesung geschützt, dem Vertorfungsprozesse unterliegen. Man unterscheidet Hoch- oder Gebirgs- und Tief- oder Niederungsmoore. Der Abbau der Niedermoore empfiehlt sich nicht, da er unbrauchbare nutzlose Wasserflächen schafft und ihr Torf verhältnismäßig schwefel- und aschenreich ist. Hochmoore liefern einen aschenarmen ($1 \div 1{,}5\,^0/_0$) Torf; sie ergeben nach ihrem Abbau landwirtschaftlich nutzbare Flächen. Torfmoore sind der Hauptsache nach in den äußeren Teilen der gemäßigten Zone, also den nördlichen Teilen von Europa, Asien, Nordamerika und den südlichen Teilen von Südamerika anzutreffen. Sie können jedoch auch in der tropischen Zone an jenen Orten entstehen, die dauernd unter ruhendem Wasser stehen. Die Torflager erreichen eine Mächtigkeit bis zu 20 m, im Durchschnitt ist sie 3 m. Das Wachstum der Torfschicht beträgt $1 \div 5$ m in 100 Jahren. Je nach der Pflanzenart, die bei der Bildung des Torfes vorherrschte, unterscheidet man Moos-, Heide-, Schilf-, Gras- und Wald- oder Holztorf. Der Torf wird nach dem Alter, d. h. je nach dem Grade der Zersetzung, nach der in Zahlentafel 6 wiedergegebenen Art eingeteilt. Im Moos- oder Fasertorf und Sumpf- oder Modertorf ist die Pflanzenfaser noch deutlich zu erkennen. Speck- oder Pechtorf und Lebertorf weisen kein organisches Gefüge mehr auf. In den Torflagern finden sich vielfach auch noch die Wurzelstämme von abgestorbenen Bäumen, die durch den Luftabschluß vor der Verwesung geschützt, ebenfalls der Vertorfung oder Inkohlung unterliegen. Nach der Art der Gewinnung unterscheidet man zwei Arten von Torf: 1. Stich- oder Baggertorf; er wird mit dem Spaten oder Bagger nach dem Entwässern des Moores ausgehoben und dann in Soden von $10 \times 10 \times 25$ cm geformt, die dann im Freien getrocknet werden. 2. Preß- oder Streichtorf. Bei seiner Herstellung wird der Torf dem nicht entwässerten Torfmoore als Schlamm entnommen, der dann durch Kneten und Mischen verdichtet und schließlich durch eine Ziegelpresse in Ziegelform gebracht wird. Der Streichtorf ist locker, er hat ein spezifisches Gewicht von $0{,}2 \div 0{,}5$, der Preßtorf ist dicht, sein spezifisches Gewicht beträgt $1{,}1 \div 1{,}11$. Die Güte des Torfes hängt von der Art des Moores ab. Im frischen Zustande hat er bis zu $90\,^0/_0$ Wassergehalt. Lufttrocken enthält er nur noch $20\,^0/_0$ Feuchtigkeit. Er wird durch Liegenlassen an der Luft getrocknet. Die Frage der künstlichen Trocknung

Zahlentafel 6. **Torfarten nach Haus.**

| Art | Vorkommen | Durchmoderung | Farbe | relatives Gewicht |
|---|---|---|---|---|
| 1. Moos- oder Fasertorf | jüngere Schichten | gering | hell | leicht |
| 2. Sumpf- oder Modertorf | tiefere Schichten | gut | braun | schwer |
| 3. Pech- oder Specktorf | noch tiefere Schichten | weit vorgeschritten | tiefdunkel | sehr schwer |
| 4. Lebertorf . . . . . | unterste Schicht | sehr weit vorgeschritten | pechglänzend | am schwersten |

ist bisher praktisch noch nicht gelöst, sie scheitert an den zu hohen Kosten. Der Aschengehalt schwankt sehr stark. Guter Torf soll weniger als $5\%$ anorganische Bestandteile aufweisen. Enthält der Torf über $10\%$, so wird er schon als aschenreich angesprochen. Die Zusammensetzung des Torfes und seiner aschen- und wasserfreien Substanz ist der Zahlentafel 5 zu entnehmen. Der Heizwert des lufttrockenen Torfes erreicht die Höhe von $3300 \div 4500$ kcal, seine Entzündungstemperatur liegt bei $230^0$. Er brennt mit langer rußender Flamme. Die Ausnutzung der Torfmoore hat bisher nur örtliche Bedeutung erlangt, doch dürfte die Verwertung der ausgedehnten Torflager dadurch ermöglicht werden, daß der Torf durch Vergasung an Ort und Stelle in Gaserzeugergas übergeführt wird, das dann in Gasmaschinen in elektrische Energie umgewandelt wird, die nun auf weite Strecken verwendet werden kann. Die Gaserzeugung dürfte dabei vorteilhaft mit der Gewinnung der Nebenprodukte verknüpft werden können.

**2. Torfbriketts.** Um den Torf als Brennstoff zu veredeln, hat man versucht, ihn in Briketts überzuführen. Da der Heizwert des Torfbriketts nur um $20 \div 30\%$ höher liegt als der der Sode, seine Herstellung aber mit bedeutenden Kosten verbunden ist, so hat es keine praktische Bedeutung erlangt. Der Hauptteil der Erzeugungskosten des Briketts liegt in dem Aufwand für die Trocknung. Solange die Frage der künstlichen Trocknung des Torfes nicht gelöst ist, kommt diese Art der Veredelung des Torfes nicht in Betracht. Die Trocknung des Torfes kann mechanisch oder durch Wärme erfolgen. Nur die ersteren werden zu einer praktischen Lösung der Torftrocknung führen.

**3. Torfkoks.** Ein anderer Weg der Veredelung des Torfes ist seine Verkokung. Sie kann in Meilern oder in Retorten vorgenommen werden. Wird Torf unter Luftabschluß erhitzt, so entweichen seine flüchtigen Bestandteile innerhalb der Temperaturen von $150 \div 600^0$, während eine lockere, koksartige Kohle, deren spezifisches Gewicht $0{,}23 \div 0{,}38$ beträgt, zurückbleibt. Ihre Menge beträgt 25 bis $35\%$ des lufttrockenen Torfgewichtes, ihr Heizwert $6500 \div 7000$ kcal. Der Torfkoks enthält in der Regel $10\%$ hygroskopisches Wasser, sein Phosphor- und Schwefelgehalt ist mitunter sehr beträchtlich. Bei niedrigem Schwefelgehalt kann er ohne weiteres als Ersatz für Holzkohle Verwendung finden. Seine Entzündungstemperatur liegt bei $250^0$. Er hat bisher ebenfalls nur örtliche Bedeutung erlangt.

## D. Braunkohle, Braunkohlenstaub, Braunkohlenbriketts, Grudekoks.

**1. Die Braunkohle.** Die Braunkohle nimmt unter den festen Brennstoffen sowohl in bezug auf die Höhe ihrer Vorräte als auch in bezug auf ihre derzeitige Verwendung die zweite Stelle ein. Sie ist über die ganze Erde verbreitet. Fig. 2 und Zahlentafel 2 geben ein Bild über die Verteilung der Braunkohle auf die einzelnen Erdteile und die europäischen Staaten. Aus Fig. 2 ist gleichzeitig das Verhältnis der Vorräte an Braunkohle zu denen der Steinkohle zu erkennen. Sie wird seit dem 16. Jahrhundert gefördert und verwertet, doch hat sie erst in den letzten Jahren, und zwar nur in einzelnen Staaten (Deutschland $76\%$, Tschechoslowakei $11{,}5\%$, Österreich $1{,}6\%$ der Braunkohlenweltförderung) eine größere Bedeutung erlangt. Mit der Erschöpfung der Steinkohlenlager wird sie aber auch in den anderen Ländern eine stärkere Verwendung finden. Die Braunkohlenförderung der Welt ist, wie aus Fig. 3 hervorgeht, in stetigem Aufstieg begriffen. Ihr Heizwert, der besonders in den jüngeren Sorten gering ist, läßt keine weite Verfrachtung zu, und darin ist die Ursache ihrer bisher geringen Verwendung zu suchen. Durch die Entwicklung der Feuerungstechnik ist es jedoch gelungen, aus ihr, die mit verhältnismäßig

Zahlentafel 7. Braunkohlenarten nach Klein.

| Art | Farbe | Gefüge (Struktur) | Bruch | Bemerkungen |
|---|---|---|---|---|
| I. Humuskohlen: | | | | |
| 1. Holzartige Braunkohle, Lignit | gelblichbraun bis schwarz | deutlich holzartig | holzartig | enthält oft erdige, selbst pech- bis glanzkohlenartige Teile |
| 2. Gemeine Braunkohle | hell bis schwarzbraun | derb mit Spuren von Holzstruktur | dicht bis erdig | Varietäten: Schwelkohle, Schmierkohle, Formkohle, Umbra |
| 3. Erdige Braunkohle | dunkel bis schwärzlichbraun, braunrot, etwas abfärbend | erdig zusammengebacken, amorph, zerreiblich, ohne vegetab. Struktur | staubartig, matt | |
| 4. Pech- oder Glanzkohle | schwarzbraun bis pechschwarz | fest und hart | muschelig | — |
| II. Faulschlammkohlen: | | | | |
| 1. Blattkohle | dunkelglänzend | übereinander liegende dünne Platten | blätterig | — |
| 2. Papierkohle | grau, gelblich, blaß- bis dunkelbraun | — | — | |
| 3. Moorkohle | schwärzlichbraun bis schwarz | derb, zerborsten | eben u. schimmernd bis zu schwachem Fettglanz | weit verbreitet |
| 4. Gagat (Jet) | samt- bis pechschwarz | dicht, fest, politurfähig | muschelig, von wachsartigem Glanz | |

geringen Kosten gefördert werden kann, an den Lagerstätten elektrische Energie billig zu erzeugen, die dann auf weite Strecken verwertet werden kann. Durch diese Möglichkeit der Braunkohlenverwertung sowie durch die Weiterentwicklung ihrer Veredelungsverfahren steigt ihre Bedeutung als Energiequelle von Jahr zu Jahr.

Die Braunkohlen sind zum weitaus größten Teile aus Torfmooren entstanden. Als Braunkohlen werden in der Regel die festen Brennstoffe bezeichnet, die der Tertiärformation angehören. Es kommen jedoch vereinzelt auch im Karbon Braunkohlen vor. Sie findet sich in diesen Formationen in Flötzen mit $15\div 20$ m Mächtigkeit vor; mitunter steigt sie bis zu 100 m. Diese Flötze lagern meist in geringer Tiefe, so daß die Braunkohle der Hauptsache nach durch Tagbau gewonnen wird. Je nach dem Alter und der Art ihrer Entstehung teilt man die Braunkohlen nach Klein in die in Zahlentafel 7 angeführten Sorten ein. Zwischen diesen einzelnen Sorten bestehen jedoch noch zahlreiche Übergänge. Die Braunkohlen zeigen einen braunen Strich, über ihr Aussehen und ihre Farbe gibt Zahlentafel 7 Aufschluß. Der Gehalt an flüchtigen Bestandteilen schwankt sehr stark. Zahlentafel 5 gibt einen Überblick über die Zusammensetzung der jüngeren und älteren Braunkohlen. Die verschiedenen Braunkohlen weisen einen wechselnden Bitumengehalt auf. Ist er höher als $8\%$ — er kann bis zu $50\%$ ansteigen, — so wird die Braunkohle als Schwelkohle bezeichnet. Das Bitumen der Braunkohle besteht der Hauptsache nach aus wachs- und harzartigen Verbindungen; die ersteren sind hochmolekulare Fettsäuren, die teils in freier Form, teils mit Fettalkohol verestert auftreten. Der Schwefel- und Aschengehalt schwankt ebenfalls in weiten Grenzen. Im grubenfeuchten Zustande hat die Braunkohle nach Langbein $0{,}23\div 5{,}15\%$ S. Der Aschengehalt beträgt $1\div 50\%$. Für die Rostfeuerung kommen jedoch nur Kohlen mit einem Höchstgehalt von $10\%$ Asche in Frage. Die Braunkohlenasche reagiert noch schwach alkalisch und besteht aus Silikaten, Sulfaten, Karbonaten des Eisens, Aluminiums, Kalziums; sie enthält auch geringe Mengen von Magnesium-, Kalium- und Natriumoxyd. Der Wassergehalt der Braunkohle ist mitunter sehr hoch; bei den deutschen Braunkohlen steigt er bis zu $60\%$ und erreicht im Durchschnitte die Höhe von $50\%$. Durch Lagern an der Luft kann er auf $10\div 15\%$ erniedrigt werden. Beim Lagern tritt Verwitterung und unter

Feste Brennstoffe.

Zahlentafel 8. Klassifizierung der Braunkohle.

| Kohlengebiet | Stückkohle | Maschinenkohle | Sortierte Kohle Stückgröße in mm und Bezeichnung ||||| Klarkohle | Staub |
| --- | --- | --- | --- | --- | --- | --- | --- | --- | --- |
| | | | Mittelkohle || Nußkohle ||| | |
| | | | I | II | I | II | III | | |
| Prov. Sachsen | über 130 | 130—80 | — | — | 80 | — | 20 | unter 20 | — |
| Böhmisches | über 120 | — | 120—65 | 65—34 | 34—18 | 18—10 | 10—7 | — | unter 7 mm |

Umständen Selbstentzündung ein. 1 m³ Braunkohle wiegt 600÷700 kg. Der Heizwert erreicht bei deutschen Braunkohlen die Höhe von 2000÷4000 kcal, bei den böhmischen Braunkohlen von 3000÷6000 kcal. Die Braunkohlen werden vor der Verwertung aufbereitet, um die Stückkohle von der Klarkohle (Kleinkohle) zu trennen. Die einzelnen Stückgrößen der sortierten Kohlen werden in den verschiedenen Revieren verschieden benannt. Zahlentafel 8 gibt einen Überblick über die im sächsischen und im böhmischen Revier gebräuchliche Bezeichnung der Braunkohle nach der Stückgröße.

Nach der Verwendung unterscheidet man Feuer- und Schwelkohle. Die Feuerkohle ist bitumenarme Braunkohle; sie hat ein spezifisches Gewicht von 1,2÷1,4 und verbrennt mit stark rußender Flamme ohne zu schmelzen. Sie läßt sich leicht entzünden (250÷450°) und eignet sich zur Heizung von Kesseln, Vorwärm- und Glühöfen. Die stark wasserhaltige Kohle kommt nur für jene Feuerungen in Betracht, bei welchen keine hohe Temperatur verlangt wird. Man hat versucht, die stark wasserhaltige Braunkohle für alle Arten der Feuerungen durch Trocknung verwendbarer zu machen. Diese Versuche waren jedoch bisher erfolglos, da bei der normalen Trocknung der Braunkohle die Stücke zerfallen. Durch ein neuartiges Trocknungsverfahren, das von der österr. Alpinen Montan-A.-G. gemeinsam mit Prof. F l e i ß n e r ausgearbeitet wurde, bei dem die Kohle durch überhitzten Dampf auf Trocknungstemperatur gebracht und dann durch Hindurchstreifen von Luft durch den Trockenapparat getrocknet wird, bleibt die stückige Form erhalten. In diesem Fall setzt die Trocknung nicht von außen, sondern von innen ein. Die Kohle überzieht sich dabei außen mit einer Art Glasur, so daß sie, wenn ihr Feuchtigkeitsgehalt durch die Trocknung unter 15 % herabgesetzt wird, nicht mehr wieder Feuchtigkeit aus der Luft anzieht.

Bei Umstellung einer Steinkohlenfeuerung auf minderwertige Rohbraunkohle ist darauf zu achten, daß die Spaltenweite der Roste gering und für einen nötigen Zug gesorgt ist. Er soll Treppenrosten bei Knorpelkohle (Stück) 8÷10 mm, bei lehmiger und sandiger Kohle bis zu 25 mm betragen. Es bedingt dies unter Umständen die Anwendung von Unterwind. Außerdem muß zur Aufrechterhaltung der gleichen Leistung die Rostfläche vergrößert werden, da bei Braunkohle mit einer Brenngeschwindigkeit von höchstens 250÷280 kg je Kubikmeter zu rechnen ist. Bei Ketten- und Wanderrosten ist die Verfeuerung von minderwertiger Rohbraunkohle nur nach Mischung mit wertvollen Braunkohlen möglich. Wo kein Dauerbetrieb vorhanden ist, müssen in diesem Falle die Gewölbe und seitlichen Feuerungswände erst mit Hilfe guter Steinkohle vorgewärmt werden, da sonst die zur Vertrocknung und Entgasung notwendige Rückstrahlung fehlt. Die Braunkohle läßt sich in Gaserzeugern vergasen, bei den nassen Braunkohlen muß das Gas zur Ausscheidung des Wasserdampfes abgekühlt werden. Im trockenen Zustand ist es für die meisten Zwecke verwendbar.

Die Schwelkohlen, deren edelster Vertreter der Pyropissit ist, dessen Bitumengehalt die Höhe von 50 % erreicht, werden in erster Linie zur Gewinnung der wertvollen Bestandteile des Bitumens verwendet. Diese erfolgt entweder durch trockene Destillation der Braunkohle oder durch das Herauslösen des Bitumens mit Benzol. Die trockene Destillation der Braunkohle wird entweder allein (Verschwelung der Braunkohle) durchgeführt, oder sie wird mit der Vergasung der Kohle verbunden (Vergasung der Braunkohle). Bei der trockenen Destillation der Braunkohle bei niedrigen Temperaturen (unter 500°) in der Schwelretorte oder im Gaserzeuger zersetzt sich das Bitumen zu Kohlenwasserstoffen, die zum weitaus größten Teil als Teer gewonnen werden; er wird bei der Verschwelung Schwelteer, bei der Gaserzeugung Gaserzeugerteer genannt. Bei der Verschwelung wird noch Schwelgas (bis zu 300 m³ je 100 kg Braunkohle) und Grudekoks (bis zu 25%) als Nebenprodukt gewonnen. Die Ausbeute an Teer hängt von dem Bitumengehalt der Kohle ab, sie kann bis zu 25% betragen. Der Teer wird auf Benzin, Gasöl, leichte und schwere Motoröle, Schmier- und Putzöle, Heiz- und Teeröle, Paraffin, Asphalt verarbeitet; er stellt einen Ersatz des Erdöles vor. Bei der Behandlung der Braunkohle mit Benzol wird das Bitumen in unveränderter Form herausgelöst. Nach dem Abdestillieren des Benzoles wird es als solches erhalten und heißt Montanwachs. Es dient zur Herstellung von Schuhkreme, Phonographenplatten, konsistenten Fetten und wird auch zum Leimen von Papier verwendet.

**2. Braunkohlenbriketts.** Der geringe Heizwert des weitaus größten Teiles der deutschen Braunkohlen, der seine Ursachen in ihrem hohen Feuchtigkeitsgehalt hat, sowie ihre ungünstige erdige Form haben dazu geführt, daß schon frühzeitig Mittel und Wege gesucht wurden, diese beiden Übel zu beseitigen. Schon seit dem Jahre 1770 wird die erdige Braunkohle, nachdem sie unter Zusatz von Wasser zu einem dicken Brei zerrieben worden ist, in Ziegelform geschlagen. Die Ziegel werden nach 12÷14tägiger Trocknung verwendet. In der Mitte des vorigen Jahrhunderts wurde damit begonnen, sie maschinell zu Naßpreßsteinen zu verarbeiten. Sie enthalten aber noch immer 20÷30% Wasser; infolge ihrer Zerbrechlichkeit vertragen sie keine weite Verfrachtung. Beide Verfahren konnten sich daher nicht in großem Maße einbürgern. Erst die Brikettierung brachte in der Veredelung der rohen Braunkohle einen vollen Erfolg. Braunkohlebriketts können bis auf die Koks- und Leuchtgaserzeugung mit der Steinkohle auf allen Gebieten in Wettbewerb treten. Die Brikettierung der deutschen Braunkohlensorten ist ohne Zusatz eines Bindemittels möglich. Die böhmischen Braunkohle besitzt diese Eigenschaft nur teilweise. Infolge ihres höheren Heizwertes und ihrer stückigen Form kommt bei ihr die Brikettierung nur für die bei der Aufbereitung fallende Kleinkohle in Betracht, die unter Umständen nur unter Zusatz eines Bindemittels durchgeführt werden kann. Die Brikettierung der Braunkohle hat sich daher in erster Linie in Deutschland entwickelt. Zur Durchführung der Brikettierung ist eine Trocknung der Braunkohle notwendig. Der in Kohlenbrechern oder Schleudermühlen auf eine Kerngröße von 3 mm zerkleinerte rohe Brennstoff wird zu diesem Zwecke in eigenen Trockenapparaten — es sind dies in der Regel dampfgeheizte Röhren- oder Tellertrockner — getrocknet, in welchen der Feuchtigkeitsgehalt der Kohle je nach ihrer Art auf 5÷15% erniedrigt wird. Die getrocknete Kohle wird dann in Stempelpressen unter einem Druck von 1200÷1500 at zu Briketts gepreßt. Es tritt eine Erweichung des Bitumen ein, das die einzelnen Kohlenteilchen zusammengekittet, so daß ein festes, wetterbeständiges Brikett erhalten wird, das auch im Feuerungsraume nicht zerfällt. Die Wirtschaftlichkeit der Brikettierung hängt von der Energie- und Wärmewirtschaft der Brikettierungsanlagen ab. Heute wird in ihnen der Dampf zuerst zur Arbeitsleistung und dann zur Heizung der Trockenanlagen herangezogen, wodurch das Brikett zu einem solchen Preise hergestellt werden kann, daß ein Wettbewerb mit der Steinkohle möglich ist. Zur Herstellung von 1 kg Brikett aus Braunkohle mit 50 % Wasser, dessen Heizwert ungefähr doppelt so hoch wie jener der Rohbraunkohle ist, werden 2,2 kg Braunkohle benötigt. Die Briketts werden in den verschiedensten Formen (Halbstein-, Würfel-, Nuß- und Rundbriketts) hergestellt. Sie stellen infolge ihrer gleichmäßigen Gestalt und ihres 4500÷5500 kcal betragenden Heizwertes einen Brennstoff vor, der mit Ausnahme der Schmelzkokserzeugung zu allen Zwecken der Feuerungstechnik verwendet werden kann. Dampfkessel, Glühöfen sowie Gaserzeuger lassen sich mit Braunkohlenbriketts ganz vorzüglich betreiben. Ihre Verwendung steigt daher von Jahr zu Jahr. In Deutschland wurden im Jahre 1923 bereits 26 856 000 t Braunkohlenbriketts hergestellt, zu deren Erzeugung ungefähr 60 Mill. t Braunkohle notwendig sind, die ungefähr 50 % der deutschen Rohbraunkohlenförderung entsprechen.

**3. Braunkohlenstaub.** Eine Veredelung der Braunkohle besteht auch darin, daß die Rohbraunkohle zu Kohlenstaub vermahlen wird, der in Kohlenstaubfeuerungen verbrannt wird. Da der Vermahlung der Kohle eine Trocknung vorausgehen muß, so wird dadurch ihr Heizwert erhöht, außerdem steigt ihr Wert durch die Vermahlung, da sich der Kohlenstaub bei der Verbrennung ähnlich wie ein flüssiger oder gasförmiger Brennstoff verhält. In dieser Form kann die Braunkohle mit nahezu der theoretischen Luftmenge verbrannt werden. Der Feuchtigkeitsgehalt der Braunkohle muß, damit die Vermahlung wirtschaftlich durchgeführt werden kann, unter 20 % liegen. Die Trocknung erfolgt im Trommel-, Röhren- oder Tellertrockner. Die ersteren werden mit Kohlenstaub oder Rohkohle geheizt, sie können aber auch durch entsprechend heiße Abgase einer Feuerungsstelle erhitzt werden. Der Kohlenstaub muß eine solche Feinheit haben, daß auf einem 4900-Maschensieb höchstens 15 % Rückstand bleibt.

**4. Grudekoks.** Der Rückstand, der bei der trockenen Destillation der Braunkohle erhalten wird, heißt Grudekoks. Er ist ein Nebenprodukt der Braunkohlenschwelerei. Die Ausbeute an Grudekoks ist infolge der hohen Gehalte der Braunkohle an Wasser und flüchtigen Bestandteilen gering. Sie beträgt 10÷25 %. Grudekoks ist ein hochwertiger Brennstoff, der nur den Nachteil einer ungünstigen Form besitzt, die seine unmittelbare Verwendung für viele gewerbliche Zwecke verhindert. Durch Vermahlung zu Kohlenstaub oder durch Brikettierung, die mit Hilfe eines Bindemittels durchgeführt werden muß, kann er für alle Feuerungszwecke brauchbar gemacht werden. Für den Hausbrand ist er durch seine Rußfreiheit und seine niedrige Entzündungstemperatur (200°÷240°) sowie seine Glimmfähigkeit sehr gut zu verwenden. Unter Glimmfähigkeit versteht man die Eigenschaft der Brennstoffe, auch ohne gesteigerte Luftzufuhr in dünnen Schichten ausgebreitet, die Verbrennung zu unterhalten. Der Heizwert des Grudekokses erreicht die Höhe von 5000÷6000 kcal. Sein Aschengehalt beträgt 15÷25 %. Wird die hochwertige böhmische Braunkohle trocken destilliert zugeführt, so heißt der dabei gewonnene Koks Kaumazit, sein Heizwert beträgt 6700 kcal.

## E. Steinkohle, Kohlenstaub, Briketts, Kohlenschlamm und Koks.

**1. Steinkohle.** Die Steinkohle ist sowohl nach der Höhe ihrer Vorräte als auch dem Verbrauch nach die wichtigste Brennstoff. Sie findet sich in allen Teilen der Erde vor. Die Menge der bisher erforschten Vorräte und ihre Verteilung auf die einzelnen Erdteile sowie die Staaten Europas ist der Fig. 2 und der Zahlentafel 2 zu entnehmen. Die Steinkohle wird schon seit mehr als 1000 Jahren verwendet. Sie hat aber erst mit der durch die Erfindung der Dampfmaschine ein-

Steinkohle, Kohlenstaub, Briketts, Kohlenschlamm und Koks. 21

setzenden Industrialisierung eine größere Bedeutung erlangt. Ihr Verbrauch steigt noch immer weiter an. Fig. 3 gibt die Entwicklung der Steinkohlenförderung der Welt wieder. Die wichtigsten Staaten, die Steinkohlen fördern, und ihre derzeitige Förderung sind der Zahlentafel 2 zu entnehmen.

Die Steinkohle findet sich der Hauptsache nach in der Karbonformation vor. Die jüngeren Steinkohlen gehören teilweise auch der Kreideformation an, während die älteste Steinkohle, der Anthrazit, auch im Silur vorkommt. Sie ist der Hauptsache nach das Zersetzungsprodukt von Pflanzen, die an den Orten der Kohlenlager gewachsen waren. Die Mächtigkeit der einzelnen Kohlenflöze ist im allgemeinen nicht sehr groß. Es sind aber in den einzelnen Steinkohlengebieten in der Regel mehrere Steinkohlenflöze übereinander anzutreffen, so daß sich dadurch eine beträchtliche Gesamtmächtigkeit ergibt. Im oberschlesischen Becken sind beispielsweise bis zu einer Tiefe von 6700 m 124 abbauwürdige Flöze von 172 m Kohle vorhanden. Die Mächtigkeit einzelner der Flöze steigt dabei bis zu 14 m an. Im westfälischen Karbon sind bei 3000 m Tiefe 90 Flöze anzutreffen, von denen 46 mit 57 m Kohle abbauwürdig sind. Die Steinkohle wird nahezu ausschließlich durch Tief- oder Stollenbau gewonnen. Die Schwierigkeiten nehmen mit der Tiefe der Förderung zu.

Die Steinkohle ist eine nichtkristallinische, dichte, schieferige oder faserige, matte oder glänzende Masse von brauner bis pechschwarzer Farbe. Sie hat einen schwarzen Strich und ein spezifisches Gewicht von 1,3. Sie wird nach ihrem Aussehen in Glanz-, Matt-, Faserkohle und Kohlenschiefer eingeteilt. Die Glanz- und die Faserkohle sind Humuskohlen, die Mattkohlen sind Faulschlammkohlen. Glanz- und Mattkohlen sind oft gemeinsam anzutreffen; man spricht dann von Streifenkohlen. Eine reine Mattkohle ist die Kannelkohle, die sich infolge ihres hohen Bitumengehaltes wie eine Kerze anzünden läßt. Die Glanzkohle ist pechschwarz, glänzend, nicht abfärbend; sie hat einen glatten Bruch und ist gas- und aschenarm. Die Mattkohle ist grauschwarz, nicht glänzend, gas- und aschenreich, sie färbt auch nicht ab, ihr Bruch ist rauh. Die Faserkohle ist dunkelschwarz, sie besteht aus feinen Nadeln, die regellos durcheinanderliegen und seidenartig glänzen. Sie färbt ab und ist gasarm und aschereich. Die aschenreichen Sorten all dieser Kohlen nennt man Kohlenschiefer. Die wichtigste der Kohlenarten ist die Glanzkohle.

Nach der chemischen Zusammensetzung und ihrem Verhalten bei dem Verkoken werden sie nach Muck in acht verschiedene Arten eingeteilt.

Sandkohle (93).  Sinterkohle (90).  Magerkohle (87).  Halbfette Kohle, Eßkohle (80).

Fettkohle, Kokskohle (70).  Fettflammkohle (65).  Gaskohle (60).  Gasflammkohle, z. T. Gassandkohle (50).

Fig. 4. Steinkohlentypen nach Muck.

Fig. 4 gibt die Bezeichnung dieser Kohlenarten und das Aussehen ihres Kokses wieder, der bei der Verkokungsprobe erhalten wird. Die eingeklammerten Zahlen geben die durchschnittlichen Koksausbeuten in Gewichtsprozenten wieder. Das Verhalten der Steinkohle bei dem Verkoken hängt von ihrem Gehalt an Bitumen und dessen Zusammensetzung ab. Das Bitumen der Steinkohle kann durch eine Druckextraktion mit Benzol oder Pyridin bei 280° gelöst werden. Wird das so gewonnene Bitumen mit Petroläther behandelt, so läßt es sich in einen öligen, in Petroläther löslichen, und in einen festen, kakaofarbigen, in Petroläther unlöslichen Anteil zerlegen. Nach den neuesten Untersuchungen von Fischer, Broche und Strauch enthält der ölige Teil, der aus Kohlenwasserstoffen besteht, die Verbindungen der Steinkohle, die ihr Backvermögen bei der trockenen Destillation bedingen, während der feste Anteil des Bitumens, der noch sauerstoffhaltig ist, das Blähen des Kokses verursacht. Es geben nur jene Kohlen einen backenden Koks, die von dem Ölbitumen eine so große Menge enthalten, daß dadurch die Kohlenmasse bei der Verkokung erweicht und schmilzt. Die Stärke des Treibens des Kokses ist von der Höhe der Zersetzungstemperatur des festen Bitumens abhängig. Von den Steinkohlen liefern nur die Gas-, Schmiede- und Kokskohle einen backenden Koks, bei den ersten beiden Arten ist der Koks gebläht. Nur die Kokskohlen liefern einen dichten festen Koks.

Simmersbach schlägt für die Steinkohlen die Einteilung vor, die in Zahlentafel 9 wiedergegeben ist. Ihr Vorkommen in den wichtigsten europäischen Kohlenlagern ist der Zahlentafel 10 zu entnehmen. Ihre Zusammensetzung, und zwar

Zahlentafel 9. Einteilung der Steinkohlen nach Simmersbach.

| Kohlentype | Element. Zusammensetzung | | | $\frac{O_2+N_2}{H_2}$ | Koksanteil % | Koksaussehen | Entspricht nach der Klassifizierung bei Muck der |
|---|---|---|---|---|---|---|---|
|  | C % | $H_2$ % | $O_2+N_2$ % |  |  |  |  |
| I. Trockene Steinkohle mit langer Flamme (Flammkohle) | 75÷80 | 5,5÷4,5 | 19,5÷15,0 | 4÷3 | 55÷60 | pulverförmig, höchstens zusammengefrittet | Gasflammkohle |
| II. Fette Steinkohle mit langer Flamme (Gaskohle) | 80÷85 | 5,8÷5,0 | 14,2÷10,0 | 3÷2 | 60÷68 | geschmolzen, stark zerklüftet | Gaskohle |
| III. Eigentliche fette Kohle (Schmiedekohle) | 84÷89 | 5,0÷5,5 | 11,0÷5,5 | 2÷1 | 60÷74 | geschmolzen bis mittelmäßig kompakt | Fettflammkohle |
| IV. Fette Steinkohle mit kurzer Flamme (Kokskohle) | 88÷91 | 5,5÷4,5 | 6,5÷5,5 | 1 | 74÷82 | geschmolzen, sehr kompakt, wenig zerklüftet | Fettkohle, Kokskohle |
| V. Magere oder anthrazitische Steinkohle | 90÷93 | 4,5÷4,0 | 5,5÷3,0 | 1 | 82÷90 | gefrittet oder pulverförmig | Magerkohle, Sinterkohle, Sandkohle |

Zahlentafel 10. Vorkommen der Steinkohlenarten in den einzelnen Staaten.

| Staat | Kohlenart | | | | |
|---|---|---|---|---|---|
|  | Flammkohle | Gaskohle | Kokskohle | Magerkohle | Anthrazit |
| Vereinigte Staaten | 1 | 1 | 1 | 1 | 1 |
| England | 1 | 1 | 1 | 1 | 1 |
| Deutschland — Westfalen | 1 | 1 | 1 | 1 | 1 |
| Deutschland — Aachen | 1 | 1 | 1 | 1 | 1 |
| Deutschland — Oberschlesien | 1 | 1 | 1 | — | — |
| Deutschland — Niederlausitz | 1 | 1 | 1 | — | — |
| Deutschland — Zwickau | 1 | 1 | 1 | — | — |
| Saargebiet | 1 | 1 | 1 | — | — |
| Polen | 1 | 1 | 1 | — | — |
| Tschecho-Slowakei | 1 | 1 | 1 | — | — |
| Frankreich | 1 | 1 | 1 | 1 | 1 |
| Belgien | 1 | 1 | 1 | 1 | 1 |
| Rußland | 1 | 1 | 1 | 1 | — |

sowohl die der reinen Kohlensubstanz wie auch ihre durchschnittliche Zusammensetzung ist aus der Zahlentafel 5 zu ersehen. Die älteren Steinkohlen enthalten im grubenfeuchten Zustand bis zu 2 % Wasser, während bei den jüngeren Steinkohlen der Wassergehalt bis zu 10 % ansteigen kann. Der Aschengehalt liegt innerhalb weiter Grenzen; er wird durch die Aufbereitung vermindert. Vor dem Kriege hatte die gewaschene Steinkohle des Ruhrgebietes einen Aschengehalt von durchschnittlich 6 %. Die Asche besteht aus freier Kieselsäure und Silikaten des Aluminiums, Eisens, Magnesiums und aus Kalziumsulfat sowie geringen Mengen von Bariumsulfat und kohlensauren Salzen der Alkalien. Der Schwefel ist in der Kohle in Form von Pyrit, $FeS_2$, weiter als Sulfat und organischer Schwefel vorhanden. Er kann bis zu 4 % ansteigen, für westfälische Kohlen gilt 1,2 % als Mittelwert, für oberschlesische Kohlen 1,1 %, für Saarkohle 1 %. Der Stickstoffgehalt beträgt durchschnittlich 1 %. Der Heizwert der Steinkohle liegt innerhalb der Grenzen von 4500 und 7500 kcal. 1 m³ Steinkohle wiegt 700 bis 900 kg. Ihre Entzündungstemperatur liegt bei 300÷350°.

Die Flammkohlen brennen mit langer rußender Flamme. Sie sind Feuerungskohlen, die sich sowohl für die direkte Verbrennung, als auch für die Vergasung sehr gut eignen. Die Gaskohle kommt in erster Linie für die Leuchtgaserzeugung in Betracht. Für die Vergasung und die Rostfeuerung ist sie weniger zu empfehlen, da sie beim Erhitzen zusammenbackt. Die eigentliche Fettkohle (Schmiedekohle) verbrennt mit wenig rußender Flamme. Sie wird zum Heizen der Schmiedefeuer verwendet. Die Kokskohle ist der Rohstoff für die Erzeugung des Zechenkokses. Die Eßkohle, eine Übergangsform der Koks- zur Magerkohle, brennt mit rußfreier Flamme. Sie eignet sich für alle Feuerungszwecke; mit gasreichen Kohlen vermengt kann sie auch verkokt werden. Die Magerkohlen geben beim Verbrennen eine kurze heiße Flamme; sie eignen sich, da sie rußfrei verbrennen zum Hausbrand und zur Lokomotivfeuerung. Die älteste Steinkohle, der Anthrazit, verbrennt ebenfalls mit kurzer rußfreier Flamme; sie wird für den Hausbrand verwendet und kann auch zum Betrieb des Hochofens herangezogen werden.

Die Kohle wird in dem Zustand, in dem sie aus der Grube gefördert wird, als Förderkohle bezeichnet. Sie enthält gewöhnlich bis zu 25 % Stückkohle. In diesem Zustand ist sie schlecht zum Verbrennen oder Vergasen geeignet; sie wird daher in der Regel aufbereitet, indem sie durch Siebung sortiert wird. Daran schließt sich in den meisten Fällen noch eine nasse Aufbereitung (Setzprozeß), durch die die aschenreichen von den hochwertigen Teilen getrennt werden. Erfolgt die Aufbereitung nur durch Siebung, so wird die Kohle als gesiebt bezeichnet;

Zahlentafel 11. **Klassierung der Steinkohlen nach Stückgröße.**

| Kohlen-gebiet | Stückgröße in mm und Bezeichnung der sortierten Kohle | | | | | | | | unsortierte Kohle m. % Stückkohlen | | | |
|---|---|---|---|---|---|---|---|---|---|---|---|---|
| | Stück-kohle | Würfelkohle | | Nußkohlen | | | | | Nuß-grieß | Förder-grieß | Förder-kohlen | mel. Kohlen | bestmel. Kohlen |
| | | I | II | I | II | III | IV | V | | | | | |
| Westfalen | über 80 | — | — | 80÷50 | 50÷70 | 30÷20 | 20÷10 | 10÷5 | 25 | 10 | 25 | 40 | 50 |
| Saargebiet | über 80 | 80÷50 | 50÷35 | 35÷15 | 15÷8 | 8÷4 | — | 15÷2 | | | | | |
| Sachsen und Schlesien | über 100 | 100÷75 | 75÷60 | 60÷40 | 40÷25 | Erbsk. 15÷8 | Grießk. 15÷8 | Staub <8 | — | | | | |
| Ostrau-Karwin | über 80 | 80÷45 | | 45÷20 | | | 20÷10 | <10 | 26÷10[1] | — | — | — | — |
| Böhm. Reviere[2] | über 120 | Mittel 120÷80 | Würfel 80÷50 | 50÷35 | 35÷23 | Grieß I 23÷15 | Grieß II 15÷7 | <7 | | | | | |

[1]) Schmiedekohle. [2]) Korngröße bei runder Lochung der Siebe.

wird sie auch noch naß aufbereitet, so spricht man von gewaschener Kohle. Der Siebung geht mitunter noch eine Zerkleinerung der Kohle in Kohlenbrechern voraus. Die aufbereitete Kohle wird nach ihrer Korngröße in verschiedene Sorten eingeteilt, die in den einzelnen Revieren eine verschiedene Bezeichnung führen. Zahlentafel 11 gibt einen Überblick über die Klassifizierung der Steinkohle in den verschiedenen deutschen und tschechoslowakischen Steinkohlenrevieren.

2. **Kohlenstaub.** Die Staubkohle und der feine Grieß, die bei der Aufbereitung der Kohle gewonnen werden, sowie die aschenreichen Steinkohlen und die Abfallprodukte der Aufbereitung können durch Vermahlung auf Kohlenstaub für die Staubfeuerung vielseitig verwendet werden. Sie werden zu diesem Zweck in Kohlenmühlen zu feinem Staub zermahlen. Der Feinheitsgrad des Mahlgutes muß derartig sein, daß auf dem 4900 Maschensieb bei den gasarmen Steinkohlen höchstens ein Rückstand von $5^0/_0$, bei den gasreichen höchstens ein Rückstand von $10^0/_0$ zurückbleibt. Übersteigt der Wassergehalt der Steinkohle $5^0/_0$, so muß sie vor dem Vermahlen getrocknet werden. Diese Art der Verwendung der Steinkohle gewinnt in den letzten Jahren eine immer größere Bedeutung.

3. **Briketts.** Die bei der Aufbereitung fallenden Kleinkohlen können auch dadurch günstiger verwendet werden, daß sie zu Briketts verarbeitet werden. Sie werden zu diesem Zweck mit Steinkohlenpech vermischt; das Gemenge wird dann in Pressen unter einem Druck von 200÷300 at zu Briketts oder Preßkohlen verschiedener Gestalt verformt, die infolge ihrer gleichmäßigen Stückgröße und ihres hohen Heizwertes ein vorzüglicher Brennstoff sind, der sich zum Betrieb aller Feuerungsstätten vorzüglich eignet. Die Briketts sollen nicht mehr als $5 \div 10^0/_0$ Asche enthalten. Sie werden in Stückgewichten von 5, 2 und 1 kg hergestellt, ihre Gesamterzeugung ist jedoch im Verhältnis zur Steinkohlenförderung nicht groß. Vor dem Kriege wurden bei einer Jahresförderung von ungefähr 1300 Mill. t etwa 12 Mill. t Steinkohlenbriketts hergestellt.

4. **Veredelung des Kohlenschlammes.** Um die im Kohlenschlamm, der bei dem Setzprozeß als Nebenprodukt fällt, enthaltenen brennbaren Bestandteile zu gewinnen, wird er seit neuester Zeit einer Schwemmaufbereitung (Flotationsverfahren) unterworfen. Es wird der reichlich mit Wasser verdünnte Kohlenschlamm mit Wasserglas, Fettsäuren, Petroleumdestillaten (1 kg je t trockenem Schlamm) vermischt. Durch Einblasen von Luft wird dann eine Schaumbildung herbeigeführt; dabei sinken die schweren Bestandteile als Trübe zu Boden, während von der Kohle bis $94^0/_0$ im Schaum zurückgehalten wird. Der Schaum wird dann filtriert, die abfiltrierte Kohle wird getrocknet; sie kann zur Kohlenstaubfeuerung und zu anderen Zwecken verwertet werden.

5. **Koks.** Koks ist der feste Rückstand der trockenen Destillation der Koks- und Gaskohle, die bei Temperaturen über 600° durchgeführt wird (Hochtemperaturverkokung). Er ist entweder Hauptprodukt (trockene Destillation der Kokskohle, Kokerei) und heißt dann Zechen- oder Hüttenkoks, oder er ist Nebenprodukt (trockene Destillation der Gaskohle in den Gasanstalten) und heißt dann Gaskoks. Im ersten Falle wird diese Art der Veredelung durchgeführt, um aus der Steinkohle einen festen, gasfreien Brennstoff zu erhalten, der als Hochofenkoks zum Betrieb der Hochöfen, als Gießerei- oder Schmelzkoks, zur Heizung der Kupol- und Tiegelöfen geeignet ist. Im zweiten Fall wird die Zersetzung der Kohle unter Luftabschluß durchgeführt, um die wertvollen gasförmigen Zersetzungsprodukte zu gewinnen, die als Leucht- und Heizgas verwertet werden. Für beide Arten der Veredelung kommen nur ganz bestimmte Kohlensorten in Betracht, und zwar für die Kokserzeugung, Kokskohle, für die Gaserzeugung die Gaskohle.

Sowohl die Eisenindustrie als auch die Verwendung des Leuchtgases weisen eine ständige Entwicklung auf. Es wird also von Jahr zu Jahr mehr Steinkohle entgast. Fig. 3 gibt ein Bild über die Entwicklung der Koksgewinnung der Welt. Die wichtigsten kokserzeugenden Staaten und ihr Anteil an der Weltkokserzeugung sind: Vereinigte Staaten $40\%$, Deutschland $30\%$, England $16\%$. Die Angaben beziehen sich mit Ausnahme der Zahlen, die England betreffen, nur auf Zechenkoks.

a) Gaskoks. Der Gaskoks ist Nebenprodukt. Für ihn bestehen daher keine besonderen Gütevorschriften. Die Gasanstalten sind nichtsdestoweniger bestrebt, soweit es die Gasqualität zuläßt, auch seine Güte zu verbessern. Er ist stark porös, 1 m³ wiegt 350÷450 kg, sein Heizwert liegt in den Grenzen von 7000÷8000 kcal, seine Stückgröße ist verschieden. In dem Zustand, in dem er aus den Retorten kommt, heißt er Grobkoks. Er wird gebrochen und sortiert, man spricht dann von sortiertem Koks, der bei einer Korngröße von 80÷50 und 50÷30 mm als Nußkoks, von 30÷10 als Perlkoks und unter 10 mm als Grießkoks verkauft wird. Seine Entzündungstemperatur liegt bei ungefähr $500°$. Er wird der Hauptsache nach für Hausbrand, und zwar als Brennstoff für Zentralheizungsanlagen verwendet.

Zahlentafel 12. Vorschrift für den Zechenkoks.

| Eigenschaft | Hochofenkoks | | Gießereikoks | |
|---|---|---|---|---|
| | Kl. 1 | Kl. 2 | Kl. 1 | Kl. 2 |
| Aschengehalt . . . . . | $<9\%$ | $9\div11\%$ | $<8\%$ | $8\div9\%$ |
| Wassergehalt . . . . . | $<4\%$ | $<5\%$ | $<4\%$ | $<5\%$ |
| Schwefelgehalt . . . . | $<1\%$ | $1\div1{,}25\%$ | $<1\%$ | $1\div1{,}25\%$ |
| Staub am Empfangsort . | $<6\%$ | $<6\%$ | $<6\%$ | $<6\%$ |
| Porenraum . . . . . . | $50\%$ | | $40\%$ | $40\%$ |
| Druckfestigkeit . . . . | 100 kg/cm² | | 100 kg/cm² | 100 kg/cm² |
| Stückgröße . . . . . . | nicht über 120 mm Seitenl. | | 80÷120 mm Seitenlänge | |
| Stückfestigkeit . . . . | 50 kg Koks von 50÷120 mm Seitenlänge sollen nach viermaligem Fall von 1.85 m Höhe nicht mehr als $25\%$ unter 50 mm ergeben. | | | |
| Abrieb . . . . . . . . | 50 kg Koks von 50÷120 mm Seitenlänge in einer Trommel von 1 m Durchm. u. 0,5 m Breite, 4 min bei 25 Umdr/min gedreht, soll mindestens $80\%$ über 40 mm ergeben | | — | — |
| Herstellung . . . . . . | bei 650÷800°, d. h. bei nochmalig. langsamer Erhitzung, soll der Koks bei dieser Temperatur z. entgasen beginnen. Flüchtige Bestandteile bis zu $3\%$ | | bei einer Temperatur von mehr als $1000°$, d. h. bei nochmaliger langsamer Erhitzung soll der Koks erst bei dieser Temperatur zu entgasen beginnen. | |

b) Zechenkoks. Der Zechenkoks muß bestimmte Bedingungen erfüllen, wenn er für die genannten Verwendungszwecke geeignet sein muß. Zahlentafel 12 gibt die Vorschriften wieder, die auf Grund der bisherigen Erfahrungen für den Hochofen- und Gießereikoks festgelegt wurden. Für seine wirtschaftliche Verwendung kommt außerdem seine Reaktionsfähigkeit und seine Reaktionstemperatur in Frage. Unter Reaktionsfähigkeit wird die Eigenschaft des Kokses verstanden, mit der Kohlensäure in Reaktion zu treten. Als Reaktionstemperatur wird jene Temperatur bezeichnet, bei der die Kohlensäure mit dem Kohlenstoff des Kokses in Reaktion zu treten beginnt. Hochofenkoks soll einerseits eine hohe Reaktionsfähigkeit besitzen, damit der Koks in der Formebene möglichst rasch zu CO verbrannt wird, anderseits soll er gleichzeitig eine hohe Reaktionstemperatur haben, damit die durch die indirekte Reduktion der Eisenerze entstandene Kohlensäure in dem oberen Teil des Hochofens nicht wieder zu CO reduziert wird. Gießereikoks soll eine hohe Reaktionstemperatur und eine geringe Reaktionsfähigkeit aufweisen, damit der Kohlenstoff möglichst vollständig zu $CO_2$ verbrennt. Es ist bisher noch nicht gelungen, einwandfrei festzustellen, welche Umstände bei der Herstellung auf die Reaktionstemperatur und Reaktionsfähigkeit des Kokses einen Einfluß haben. Nach den Ergebnissen der bisherigen Untersuchungen scheint die Temperatur, die bei der Verkokung während der Periode der stärksten Vergasung herrscht, den größten Einfluß auf diese beiden Eigenschaften zu haben. Hohe Temperatur bedingt hohe Reaktionstemperatur und geringe Reaktionsfähigkeit. Mit der Porosität des Kokses scheinen sie in keiner Beziehung zu stehen. Der Zechenkoks hat einen Heizwert von $7000 \div 8000$ kcal, seine spezifische Wärme beträgt $0{,}37 \div 0{,}38$, das wirkliche spezifische Gewicht ist $1{,}6 \div 1{,}9$, während das scheinbare die Höhe von $0{,}8 \div 1{,}0$ erreicht. 1 m³ Koks wiegt $500 \div 550$ kg. Die Farbe ist entweder schwarz und glanzlos oder hellgrau silberglänzend. Die Entzündungstemperatur des Hochofenkokses ist ungefähr $690^0$, die des Gießereikokses ungefähr $730^0$. Der Koks verbrennt mit kurzer blauer Flamme. Mittelwerte der Zusammensetzung von Zechen- und Gaskoks sind in Zahlentafel 5 wiedergegeben.

c) **Halbkoks.** Der feste Rückstand, der bei der trockenen Destillation der Steinkohle bei Temperaturen unter $500^0$ erhalten wird, heißt Halbkoks. Diese Art der Destillation der Steinkohle wird durchgeführt, um die wertvollen Bestandteile der Steinkohle, die als teilweiser Ersatz des Erdöls und als Rohstoff der organisch chemischen Großindustrie Verwendung finden, zu gewinnen. Der Halbkoks ist also ein Nebenprodukt. Er hat ein Raumgewicht von 450 kg/m³, ist stark porös, leicht entzündbar, da er noch flüchtige Bestandteile enthält (s. Zahlentafel 5); infolge seiner kleinen Stückgröße ist er nicht allgemein verwendbar. Durch Brikettierung, weiters Vergasung im Gaserzeuger oder Vermahlung zu Kohlenstaub für Kohlenstaubfeuerungen kann er zur Heizung aller Arten von Feuerungsstätten geeignet gemacht werden. Die Tieftemperaturverkokung kommt nur für jene Steinkohlensorten in Frage, die eine entsprechende Ausbeute an flüssigen Destillationsprodukten, die in diesem Falle als Urteer bezeichnet werden, ergeben. Sie ist erst in der Entwicklung begriffen, ihre allgemeine Anwendung wird nur dann in Betracht kommen, wenn es möglich ist, den Halbkoks ebenso teuer zu verkaufen wie die Steinkohle, d. h. wenn die Einnahmen aus den Destillationsprodukten, Schwelgas und Urteer, die Kosten der Tieftemperaturverkokung mehr als decken.

## F. Abfallbrennstoffe.

Als Abfallbrennstoffe werden die brennbaren Werkstoffe bezeichnet, die als Abfälle bei anderen Arbeitsverfahren gewonnen werden. Es sind dies Holzabfälle aus der Holzbearbeitung und Papierfabrikation, wie Fournierspäne, Schleifabfälle, Sägespäne, Hobelspäne, altes Bauholz, Fichtenrinde, Lohe, weiter Schilfpflanzen und die Abfälle des Zuckerrohres. Sie können infolge ihres billigen Preises oder des Mangels an anderen Brennstoffen zur Heizung von Dampfkesseln und Lokomotiven herangezogen werden. Die Rauchkammerlösche der Lokomotiven, dann der bei der Aufbereitung der Asche gewonnene Koks, der Müll der Städte können ebenfalls zu den Abfallbrennstoffen gezählt werden.

## IV. Flüssige Brennstoffe.

### A. Allgemeines.

Die flüssigen Brennstoffe werden in die folgenden Gruppen eingeteilt:
1. Erdöl und seine Destillate,
2. Destillate des Ölschiefers,
3. Braunkohlenteer und seine Destillate,
4. Steinkohlenteer und seine Destillate,
5. Urteer und seine Destillate,
6. Produkte der Verflüssigung der Steinkohle,
7. Synthetische Öle,
8. Künstliche Brennstoffe pflanzlicher Herkunft.

Trotzdem die Förderung an Erdöl und die Erzeugung der künstlichen flüssigen Brennstoffe im Verhältnis zur Förderung an festen natürlichen Brennstoffen gering ist, haben die flüssigen Brennstoffe infolge ihrer Eigenschaften, die sie für gewisse Zwecke besonders verwertbar machen, heute in der Energiewirtschaft eine große Bedeutung erlangt. Sie zeichnen sich infolge ihres hohen Heizwertes und der Möglichkeit der Verbrennung mit geringem Luftüberschuß durch einen hohen pyrometrischen Effekt aus. Sie lassen sich leicht lagern und sind vom Lagerplatz mit einfachen Mitteln zur Verbrauchsstelle zu befördern. Sie hinterlassen beim Verbrennen keine Rückstände, so daß bei ihrer Verwendung jede Aschenwirtschaft entfällt. Sie ermöglichen weiter, daß in dem gleichen Raum viel mehr Energie aufgestapelt werden kann, als dies selbst bei hochwertigster Steinkohle möglich ist. Die flüssigen Brennstoffe kommen daher für den Betrieb von Handels- und Kriegsschiffen in erster Linie in Betracht, deren Aktionsradius sie erhöhen. Weiter sind sie, soweit der wärmewirtschaftliche Wirkungsgrad in Frage kommt, die geeignetsten Betriebsstoffe für die Explosionsmaschinen. Viel gebraucht werden sie auch für den Betrieb von Härte- und Vergütungsöfen in Maschinenfabriken, weil sie billiger arbeiten als Leuchtgas und ihre Anheizzeit kurz ist. Beim Einkauf der flüssigen Brennstoffe ist neben dem Heizwert noch auf die Viskosität oder Zähflüssigkeit (Verhältnis der Ausflußzeit von 200 cm$^3$ Öl bei der Versuchstemperatur zu der von 200 cm$^3$ Wasser bei 20$^0$, ausgedrückt, in Englergraden), dann den Flammpunkt (Temperatur, bei der die Dämpfe, die dem erwärmten Öl entweichen, mit der Luft ein entflammbares Gemisch bilden) und den Brennpunkt (Temperatur, bei der das Öldampfluftgemisch dauernd brennt) zu achten.

### B. Erdöl und seine Destillate.

**1. Erdöl.** Das Erdöl, Rohpetroleum oder Naphtha, ist der einzige natürliche flüssige Brennstoff. Es ist seit dem Jahre 1860 im Gebrauch. Anfänglich diente es vorwiegend zu Beleuchtungszwecken. Mit der Erfindung der Explosionsmotore und der Erkenntnis seines Wertes für den Betrieb der Handels- und Kriegsschiffe, und zwar sowohl der Dampf- als auch der Motorschiffe, stieg seine Bedeutung als Brennstoff. Es ist heute neben der Steinkohle das wichtigste Bergwerkserzeugnis. Der Wert seiner Erzeugung betrug im Jahre 1923 13$^1/_2$ Mill. Goldmark. Die Entwicklung der Erdölförderung der Welt ist der Fig. 3 zu entnehmen. Die Höhe der Weltvorräte, die schwer zu schätzen sind, ihre Verteilung auf die einzelnen Erdteile und die derzeitige Förderung ist der Zahlentafel 2 und der Fig. 2 zu entnehmen. Das Erdöl ist nach der Engler-Höferschen Theorie, die heute allgemein anerkannt ist, aus den Fett- und Eiweißstoffen untergegangener Tiere und fett- und wachshaltiger Pflanzen entstanden, nachdem sich deren übrige Bestandteile durch Verwesung zersetzt haben. Bei den geologischen Umwandlungen haben die so gebildeten Öle bisweilen ihre Lage verändert, so daß die ölführende Schicht nicht auch die ölbildende zu sein braucht. Das Erdöl ist vielfach in Gegenwart von Salz anzutreffen, und es scheint zwischen der Entstehung des Erdöls

Flüssige Brennstoffe.

und der Bildung des Salzlagers ein gesetzmäßiger Zusammenhang zu bestehen, dessen Natur aber noch nicht geklärt ist. Es wird mittels Bohr- oder Pumpbetrieb selten bergmännisch durch Abbau der Ölsande gewonnen.

Das Erdöl ist eine weingelbe bis pechschwarze, grün fluoreszierende Flüssigkeit, die ein Gemenge von Kohlenwasserstoffverbindungen vorstellt, die bei den pennsylvanischen Ölen der Hauptsache nach Paraffine $C_nH_{2n+2}$, bei den russischen der Hauptsache nach Olefine und Naphthene $C_nH_{2n}$ sind. Die leichten Kohlenwasserstoffe finden sich an den Lagerstätten des Erdöls in Gasform vor, so daß es oft unter Druck steht und beim Anbohren als Springquell zutage tritt. Der Aufbau der Kohlenwasserstoffe ist für die Verwendung des Erdöls als Brennstoff ohne Belang; dafür sind aber die Beimischungen (Sand, Schmutz) und der Wassergehalt von Bedeutung. Schlamm und Wassergehalt sind von der Art der Gewinnung abhängig. Sie werden schon an Ort und Stelle durch Absetzenlassen zu entfernen versucht. Ist der Schlamm kolloidal, so muß er koaguliert und dann filtriert werden. Der Schwefel ist in Form von schwefelhaltigen Kohlenwasserstoffen zugegen, er schwankt von $0{,}08 \div 3\,\%$. Zahlentafel 13 gibt einen Überblick über die Zusammensetzung und die Eigenschaften der verschiedenen Rohöle.

Zahlentafel 13. Rohöle.

| Herkunft | spez. Gewicht bei 15° | Flammpunkt ° | Viskosität Engler ° bei 80° | Elementar-Analyse | | | | Ausbeute der Rohöle | | | | | Heizwert |
|---|---|---|---|---|---|---|---|---|---|---|---|---|---|
| | | | | C % | $H_2$ % | S % | $O_2+N_2+S$ % | Benzin % | Leuchtöl % | Schmieröl % | Paraffin % | Asphalt % | kcal/kg |
| Deutsches Erdöl Wietz | 0,942 | 105 | 4,70 | 86,0 | 11,0 | 0,085 | 2 | 1 | 6 | 64 | — | 25 | — |
| Elsasser Rohöl | 0,891 | unter 15 | — | 85,6 | 9,6 | 0,138 | 4,4 | $4 \div 5$ | $30 \div 32$ | $30 \div 32$ | 2,2 | — | — |
| Galizisches Rohöl | 0,862 | unter 15 | — | 82,2 | 12,1 | — | 5,7 | $5 \div 25$ | $25 \div 40$ | — | $0.0 \div 10.0$ | — | 1090 |
| Rumänisches Rohöl | 0,854 | unter 15 | — | 83,1 | 12,31 | 0,3 | $4 \div 5,9$ | $0 \div 49$ | $28 \div 47$ | — | $3,8 \div 29,2$ | — | — |
| Russische Rohnaphtha | 0,880 | 31 | — | 86,0 | 13,0 | 0,1 | 1,0 | 5 | $20 \div 30$ | $50 \div 60$ | — | — | 11160 |
| Pennsylvanisches Rohöl | 0,805 | unter 15 | — | 83,6 | 12,9 | — | 3 | 12 | 70 | 10 | 1.2 | — | 9963 |
| Mexiko | 0,936 | 80 | dickfl. | 82,7 | 12,2 | 2,3 | 3,0 | — | — | — | — | — | — |
| Argentinisches Rohöl | 0,940 | 124 | 13,6 | — | — | — | — | — | — | — | — | — | — |
| Kalifornisches Rohöl | 0,962 | 82 | 4,3 | 86,9 | 11,8 | $2 \div 3$ | 1,3 | — | — | — | — | — | 10500 |
| Sumatra Rohöl | 0,792 | unter 0 | — | — | — | — | — | — | — | — | — | — | — |

Das Erdöl wird teilweise direkt als Heizstoff verwendet, und zwar werden besonders diejenigen Erdöle direkt verbrannt, die infolge ihrer chemischen Zusammensetzung schwer zu destillieren sind, d. h. nur geringe Ausbeute an wertvollen Destillaten ergeben. Die anderen Erdöle werden in der Regel durch stufenweise Destillation und Raffination in ihre wertvollen Bestandteile zerlegt. Das Rohöl selbst ist ein vorzüglicher Brennstoff, der überall dort in Anwendung kommt, wo es sich um die Erzeugung hoher Temperaturen handelt oder wo der Vorteil der Aufspeicherung großer Energiemengen in einem verhältnismäßig kleinen Raume zur Geltung kommt. Es wird in den Ländern, die Erdöl fördern, in erster Linie zur Heizung von Siemens-Martin- und Tiegelöfen und für den Antrieb der Handels- und Kriegsschiffe verwendet. Durch die stufenweise Destillation wird es in eine Reihe von Bestandteilen zerlegt, die in vier Gruppen eingeteilt werden, deren Bezeichnung und Eigenschaften Zahlentafel 14 wiedergibt.

Erdöl und seine Destillation.

## Zahlentafel 14. Destillate des Erdöls.

| Gegenstand | Destill. Temperat. | spez. Gewicht bei 15° | Flamm- Punkt ° | Elementar-Analyse: % | | | | unterer Heizwert kcal/kg | Verwendung |
|---|---|---|---|---|---|---|---|---|---|
| | | | | C | $H_2$ | $O_2+N_2$ | S' | | |
| Leichtöl.... | bis 150° | 0,65 bis 0,76 | unter 0° C | 85,1 [1]) | 14,9 | — | — | 10160 | Motorantrieb (Auto — Flugzeug) chem. Zwecke, Erz. v. Sattgasen |
| Petroleum... | 151÷300° | 0,792 bis 0,815 | 25° bis 33° | 85,3 | 14,1 | 0,6 | 0,02 | 10500 | Beleuchtung |
| Treib- oder Schmieröl.. | 301÷360° | 0,85 bis 0,89 | 50° bis 110° | 85 bis 87 | 12,2 bis 13,0 | 0 bis 0,14 | 0,2 bis 0,6 | 9800 bis 10200 | Motorantrieb (Diesel), Schmierung, Karburierung v. Wassergas |
| Massut.... | über 360° | 0,84 bis 0,980 | 70° bis 140° | 85,2 bis 87 | 11,7 bis 13,2 | 0 9—1,5 | | 10700 | Heiz- und Treiböl. |

[1]) Automobilbenzin.

**2. Destillate des Erdöls.** a) Benzin oder Leichtöle. Diese Gruppe umfaßt die hochwertigsten Erzeugnisse. Während die amerikanischen und galizischen Benzine der Methanreihe $C_nH_{2n+2}$ angehören, enthalten die russischen vorwiegend Vertreter der Naphthene $C_nH_{2n}$. Die Leichtöle werden durch stufenweise Destillation in verschiedene Benzinsorten zerlegt. Zahlentafel 15 gibt einen Überblick über die verschiedenen Benzinsorten und ihre Verwendung. Der Flammpunkt der Benzine liegt unter 0°, sie sind daher sehr feuergefährlich und auf ihre Lagerung ist besonders zu achten.

## Zahlentafel 15. Benzinsorten.

| Bezeichnung | spez. Gewicht bei 15° kg/dm³ | Siedegrenze ° | Verwendung |
|---|---|---|---|
| Gasolin I............ | 0,650÷0,660 | 30÷80 | Flugzeug |
| Gasolin II (Leichtbenzin).... | 0,660÷0,680 | 30÷95 | |
| Luxusbenzin für Automobile... | 0,690÷0,700 | 50÷105 | Automobil |
| Automobilbenzin I........ | 0,700÷0,705 | 50÷110 | Automobil |
| Motorenbenzin I......... | 0,715÷0,720 | 50÷115 | Automobil u. Kleinmotore |
| Handelsbenzin.......... | 0,725÷0,735 | 70÷115 | Chemische Zwecke |
| Waschbenzin (Ligroin)..... | 0,740÷0,750 | 80÷120 | Putzzwecke |
| Schwerbenzin (Lackbenzin)... | 0,750÷0,760 | 80÷130 | Lackerzeugung u. f. ortsfeste Motore. |

b) Petroleum oder Leuchtöl, auch Steinöl genannt, wird nur zu Beleuchtungszwecken verwendet. Trotz der Verbreitung von Gas und Elektrizität ist es immer noch eine schwer zu entbehrende Lichtquelle. Für den Motorbetrieb kommt es nicht in Frage, da es erstens zu teuer ist und zweitens nicht rußfrei brennt.

c) Treiböle oder Schmieröle. In dieser Gruppe werden die Paraffin-, Gas-, Treib- und Schmieröle zusammengefaßt. Gasöl und Treiböl waren früher ein begehrter Betriebsstoff für Dieselmotoren. Infolge ihres hohen Preises werden sie heute auf diesem Gebiete von den Teerölen verdrängt. Die Schmieröle werden zum Schmieren der verschiedensten Maschinen und Antriebsmittel verwendet.

d) Massut. Die Rückstände der Erdöldestillation, die je nach der Herkunft des Erdöls eine verschiedene Zusammensetzung haben, bieten einen vorzüglichen Brennstoff für Industrie, Eisenbahn und Schiffahrt. In Rußland werden alle Rückstände, die nach dem Abtreiben des Petroleums verbleiben, als Massut bezeichnet. Der Massut ist bei gewöhnlicher Temperatur eine zähe, schwarzbraune Flüssigkeit, die auch bei niedriger Temperatur nicht erstarrt und erst bei 300° bis 360° verdampft.

## C. Ölschiefer und seine Destillate.

Neben dem Erdöl ist der Ölschiefer ein natürlicher Rohstoff, der zur Gewinnung von flüssigen Brennstoffen dient. Er ist ein bitumenreiches Gestein, dessen Gehalt an organischen Bestandteilen so groß ist, daß ihre Gewinnung vorteilhaft ist. Der Ölschiefer wird zerkleinert, in eisernen Retorten verschwelt oder in Gaserzeugern vergast. In beiden Fällen wird durch Abkühlung der Gase Schieferöl gewonnen, das dann durch stufenweise Destillation auf Brenn-, Kraft- und Schmieröl verarbeitet wird. Der Ölschiefer findet sich in Schottland, Süddeutschland, weiter in Australien (Neusüdwales), in Asien (Syrien und Libanon), in Süd- und Nordamerika längs der Andenketten vor. Seine Abbauwürdigkeit hängt vom Ölgehalt ab, er muß mindestens eine Ausbeute von $10^0/_0$ ergeben. Der Ölschiefer und seine Destillate haben nur eine örtliche Bedeutung.

## D. Braunkohlenteer und seine Destillate.

Der Braunkohlenteer wird bei der trockenen Destillation (Verschwelung) der Braunkohle als Hauptprodukt gewonnen. Seine Zusammensetzung hängt von der Art der verschwelten Braunkohle und der Durchführung der Verschwelung ab. Er wird nicht verfeuert, sondern stets durch stufenweise Destillation in seine Bestandteile zerlegt. Diese sind: 1. Solaröl, 2. helles Paraffinöl (Gelb- und Rotöl), 3. dunkles Paraffinöl (Gasöl), 4. schweres Paraffinöl, 5. Kreosotöl. Zusammensetzung und Verwendung dieser Erzeugnisse gibt Zahlentafel 16 wieder. Die Hauptprodukte sind das Solar- und Paraffinöl.

## E. Steinkohlenteer und seine Destillate.

**1. Der Steinkohlenteer.** Er wird bei der trockenen Destillation der Steinkohle zur Koks- und Leuchtgaserzeugung und der Vergasung der Kohle zu Wassergas als Nebenprodukt gewonnen. Er heißt dementsprechend Kammerofen- oder Koks-, Horizontalofen-, Vertikalofen- oder Gasteer und Wassergasteer. Er stellt einen wertvollen Werkstoff vor. Die Höhe seiner Erzeugung steht in einem engen Zusammenhang mit der Menge der entgasten Steinkohle und der Nebenproduktengewinnung bei dieser Entgasung. Heute sind nahezu $80^0/_0$ aller Kokereien auf die Gewinnung der Nebenprodukte eingerichtet. Da die Teerausbeute durchschnittlich $3^1/_3 {}^0/_0$ beträgt, so kann die Teererzeugung bei einer Kokserzeugung von 120 Mill. t auf ungefähr $3^1/_2$ Mill. t geschätzt werden. Hierzu kommt dann noch der Gasteer der Gasanstalten. Der Steinkohlenteer ist ein Gemenge der verschiedensten Bestandteile. Er wird in der Regel durch stufenweise Destillation in mehrere Fraktionen zerlegt, die dann als Brennstoffe oder als Rohstoffe für die organische chemische Großindustrie Verwendung finden. Er kann aber auch direkt verbrannt werden. Die direkte Verwendung als Brennstoff kommt nur dann in Frage, wenn das Angebot an Teer die Nachfrage in den Destillationsprodukten übersteigt. Seine Zusammensetzung bzw. sein Gehalt an den verschiedenen Destillaten hängt von der Zusammensetzung der Ausgangskohle und den Arbeitsbedingungen ab, die bei der trockenen Destillation der Kohle eingehalten werden. In der Elementaranalyse weichen, wie aus Zahlentafel 16 hervorgeht, die einzelnen Teersorten nur sehr wenig voneinander ab. Wird der Teer direkt verfeuert, so ist eine Vorwärme- und eine Zerstäubungsvorrichtung notwendig. Die Vorwärmung darf weder zu hoch noch zu niedrig sein, im ersten Fall tritt eine Dampfbildung ein, die zu einem unregelmäßigen Brennen führt, im zweiten Fall kann leicht ein Verstopfen der Leitung eintreten. Steinkohlen-

Zahlentafel 16. Braun- und Steinkohlenteere und ihre Destillate.

| Gegenstand | Analyse C % | H₂ % | O₂+N₂ % | S % | Wasser % | Flücht. Bestandt. % | spezifisches Gewicht | Flammpunkt | Viskos. bei 20° E° | unterer Heizwert kcal | Verwendung |
|---|---|---|---|---|---|---|---|---|---|---|---|
| **Braunkohlenteer und seine Destillate** | | | | | | | | | | | |
| Schwelteer | 82÷86 | 7÷10 | — | 0,5÷1,5 | 0÷2 | 90÷99 | 0,85÷0,91 | 32÷110 | — | 8600÷9400 | zur Gewinnung seiner Destillate |
| Solaröl | 85,48 | 12,31 | 1,38 | 0,83 | — | 100 | 0,825÷0,80 | 66 | 1,05÷1,10 | 9983 | Ersatz für Petroleum und Motoröl |
| helles Paraffinöl — Gelböl | 86,35 | 11,16 | 1,68 | 0,81 | — | 100 | 0,86÷0,87 | 82 | 1,21 | 9823 | Ölgaserzeugung |
| helles Paraffinöl — Rohöl | — | — | — | 0,86 | — | 100 | 0,87÷0,88 | 85 | 1,25 | 9680 | Ölgaserzeugung |
| Paraffinöl — Dunkles | 85,71 | 11,62 | 2,67 |  | — | 100 | 0,88÷0,90 | 100÷120 | 1,5÷2,5 | 9800 | Dieselmotoren und Ölgaserzeugung |
| Paraffinöl — Schweres | 85,95 | 11,53 | 1,52 | etwa 1 | — | 100 | 0,905÷0,920 | 115÷125 | 2÷2,66 | 9750 | Dieselmotoren |
| Kreosotöl | 80,11 | 9,70 | 8,89 | 1,30 | — | 100 | 0,94÷0,98 | 90 | 1,82 | 9000 ob. Heizw. | Heizöl und Desinfektion |
| **Steinkohlenteer und seine Destillate** | | | | | | | | | | | |
| Gasteer (Vertikalofen) | 89,5 | 6,6 | 3,5 | 0,5 | 2÷4 | 89÷96 | 1,1÷1,2 | 40÷70 | 7÷10 | 8750 | teilweise zur direkten Verbr. in der Regel zur Aufarbeitung auf seine Destillate |
| Koksofenteer | 86,0 | 6÷7 | 4,5 | 0,4 | 2÷5 | — | 1,14÷1,19 | 90÷135 | versch. | 8300÷8850 | |
| Wassergasteer | 90,6÷91,3 | 7,1÷7,4 | 1,8÷2,3 | — | bis 30 | — | 0,97÷1,13 | 30÷95 | 2÷15 | 9100 | |
| Urteer | — | — | — | — | bis 5 | 50÷60 | 1,03÷1,07 | 128 | bei 40° 4,5 | 9300 | zur Gewinnung seiner Destillate |
| Benzol I | 91,5 | 7,8 | — | 0,5 | — | 100 | 0,88÷0,883 | 15 | — | 9600 | Antrieb f. Explosionsmasch. u. organ. chem. Industrie |
| Teeröl | 90 | 7 | 2,5 | 0,3÷0,7 | unter 1,0 | 96÷99 | 1,04÷1,06 | 75÷85 | 1,4 | 8800÷9200 | Antrieb f. Explosionsmasch. u. organ. chem. Industrie |
| Naphthalin | 93,78 | 6,25 | — | — | — | 98÷100 | 1,15 | 80 | — | 9600 | Antrieb f. Explosionsmasch. u. organ. chem. Industrie |
| Pech | 85÷93 | 4,5÷5 | — | — | — | 45÷70 | 1,2 | — | fest | 8300÷8700 | Brennstoff und zur Brikettserzeugung |
| Ölgasteer | 91,4÷92,2 | 6,8÷7,2 | 0,5÷1,1 | 0,4÷0,9 | bis 30 | — | 0,95÷1,17 | 20÷75 | 5÷45 | 9000 | Aufarbeitung auf seine Destillate |

teer zündet schwer. Die vier Fraktionen der stufenweisen Destillation sind: 1. das Leichtöl, spezifisches Gewicht 0,91÷0,95, Siedegrenze bei 170°, Ausbeute bis 5%; 2. das Mittelöl, spezifisches Gewicht 1,01, Siedegrenze bis 230°; 3. das Schweröl, spezifisches Gewicht 1,04, Siedegrenze 270°; 4. das Anthrazenöl, spezifisches Gewicht 1,1, Siedegrenze 320° (werden die drei letzgenannten Öle gemeinsam gesammelt, so bezeichnet man sie als Teeröl). Die Ausbeute an Teeröl beträgt bis zu 35%; 5. Rückstand, spezifisches Gewicht 1,2, Siedegrenze über 320°, Ausbeute bis 60%.

**2. Destillate des Steinkohlenteers.** a) Leichtöl. Das Leichtöl besteht der Hauptsache nach aus aromatischen Kohlenwasserstoffen, und zwar aus Benzol und dessen Homologen. Es ist eine gelbliche bis dunkelbraune Flüssigkeit, die selbst wieder in drei Fraktionen zerlegt wird, und zwar: 1. Leichtbenzol, spezifisches Gewicht 0,89; 2. Schwerbenzol, spezifisches Gewicht 0,95; 3. Karbolöl, spezifisches Gewicht 1,0. Das Benzol wird als Ersatz des Benzins zum Antreiben der Verbrennungskraftmaschinen verwendet. Zusammensetzung und Heizwert s. Zahlentafel 16. Es ist nicht so leicht verbrennlich wie Benzin, läßt aber eine hohe Verdichtungsspannung zu.

b) Mittelöl. Es enthält als Hauptbestandteil Naphthalin (bis 40%), das beim Abkühlen auskristallisiert. Weiteres sind seine Hauptbestandteile Phenol und Kreosol (25÷35%). Es ist eine gelbe bis bräunlich gefärbte dicke Flüssigkeit, aus der man das Naphthalin gewöhnlich auskristallisieren läßt. Das Naphthalin findet einerseits Verwendung in der organisch chemischen Industrie, anderseits kann es auch als Brennstoff benutzt werden. Zu diesem Zweck muß es vor dem Zerstäuben geschmolzen werden. Das Öl, das nach dem Auskristallisieren zurückbleibt, wird durch stufenweise Destillation auf Karbol-, Naphthalin- und Kreosotöl verarbeitet.

c) Schweröl. Es enthält ebenfalls das Naphthalin als Hauptbestandteil. Bei gewöhnlicher Temperatur ist es fest, durch stufenweise Destillation wird es auf Naphthalin- und Karbolöl verarbeitet.

d) Anthrazenöl. Es hat eine gelbgrüne Farbe; sein Hauptbestandteil ist das Anthrazen, das der Ausgangsstoff für die Erzeugung vieler Teerfarben ist. Werden die letzten drei Öle gemeinsam gesammelt, so kommen sie als Teeröl in den Handel, das als Brennstoff für Dieselmotoren und für alle Feuerungen Verwendung findet.

### F. Urteer.

Bei der Tieftemperaturverkokung der Steinkohle wird, falls die flüchtigen Bestandteile schnellstens abgeführt werden, ein Teer gewonnen, der durch einen hohen Gehalt an leicht flüchtigen Bestandteilen ausgezeichnet ist. Er heißt Urteer. Er kann auch bei der Vergasung der Steinkohle im Gaserzeuger gewonnen werden. Seine Ausbeute und seine Zusammensetzung hängt von der Natur des Ausgangsbrennstoffes und der Art der Ent- oder Vergasung ab. Brennstoffe mit einem hohen Gehalt an flüchtigen Bestandteilen können bis zu 15% Urteer geben. Er unterscheidet sich von dem normalen Steinkohlenteer dadurch, daß er Paraffin, aber kein Naphthalin und keine leicht flüchtigen Bestandteile benzolartiger Natur enthält. Er wird durch stufenweise Destillation auf Leicht- und Treiböl (30%), Schmieröl (33%) und Pech (30%) verarbeitet, die für Kraft- und Heizzwecke sowie für Rohstoffe für die organisch chemische Großindustrie und zur Schmierung Verwendung finden. Die Gewinnung von Urteer wird zwar schon in einigen Anlagen im Großen durchgeführt, doch hat die Tieftemperaturverkokung heute noch keine große Bedeutung erlangt.

## G. Verflüssigung der Kohle.

Das verhältnismäßig geringe Vorkommen an natürlichen flüssigen Brennstoffen und ihr vollständiges Fehlen in einzelnen Staaten hat den Gedanken aufkommen lassen, die Kohle auf künstlichem Wege in flüssigen Brennstoff zu verwandeln. Die einzelnen Verfahren sind noch im Versuchsstadium, das technisch am besten durchgearbeitete Verfahren, für das bereits eine Großanlage im Bau ist, ist die Hochdruckhydrierung der Steinkohle nach Bergius. Dabei wird die Steinkohle unter einem Druck von $100 \div 150$ at bei $400 \div 500^0$ mit Wasserstoff ohne Gegenwart von Katalysatoren behandelt; sie wird dadurch zum weitaus größten Teil verflüssigt. Wird beispielsweise oberschlesische Steinkohle nach diesem Verfahren behandelt, so werden $55\%$ von ihr in Form von neutralen Ölen, $15\%$ als Gas, $10.0\%$ als Wasser und $15\%$ in unverändertem Zustande erhalten. Die neutralen Öle liefern bis zu $44\%$ Betriebsstoff für Leichtmotoren, $31\%$ Dieselöl und $25\%$ Pech. Zur Hydrierung der Steinkohle können Koksofengase verwendet werden, da die Gegenwart fremder Gase nicht stört.

## H. Synthetische Öle.

Der ständig steigende Bedarf an flüssigen Brennstoffen hat auch dazu geführt, daß die Frage der Überführung von gasförmigen Brennstoffen in synthetische Öle studiert wurde. Die badische Anilin- und Sodafabrik hat ein Verfahren ausgearbeitet, bei dem flüssige Brennstoffe aus CO und H hergestellt werden. Diese beiden Gase werden bei $350 \div 420^0$ unter einem Druck von $100 \div 120$ at in Gegenwart von Katalysatoren aufeinander einwirken gelassen. Es entstehen als Produkte der Einwirkung flüssige gesättigte und ungesättigte Kohlenwasserstoffe im Gemisch mit Alkoholen, Aldehyden und anderen Verbindungen. Das CO und der H werden durch Vergasung von Kohle oder Koks erhalten. In England und Frankreich wird an der Ausarbeitung ähnlicher Verfahren gearbeitet. Ein weiteres Verfahren, das das gleiche Ziel verfolgt, ist vom Mühlheimer Kohlenforschungsinstitut durch Fischer und Tropsch ausgearbeitet worden. Es wird als Syntholverfahren bezeichnet. Bei diesem Verfahren werden CO und Wasserdampf oder Kohlensäure und Wasserstoff als Rohstoffe verwendet, die bei einer Temperatur von $400 \div 450^0$ über geeignete Katalysatoren geleitet werden und sich dadurch zu aliphatischen Kohlenwasserstoffen sowie höheren Alkoholen, Aldehyden, Ketonen vereinigen. In der Zwischenzeit ist es nach den Mitteilungen des Mühlheimer Kohlenforschungsinstituts gelungen, das Syntholverfahren soweit zu verbessern, daß je nach den Arbeitsbedingungen (Temperatur $200 \div 300^0$ und Art des Katalysators) sämtliche Stoffe des Erdöls vom Benzin bis zum festen Paraffin ohne Anwendung von Druck aus den schwefelfreien Vergasungsprodukten beliebiger Koks- und Kohlensorten (Wassergas, Mischgas, Hochofengichtgas und Wasserstoff) hergestellt werden können. Sollte sich dieses Verfahren in großem Ausmaße durchgeführt als wirtschaftlich erweisen, so wäre damit ein Weg gegeben, aus den festen Brennstoffen die flüssigen Brennstoffe in jeder beliebigen Menge herzustellen.

## I. Spiritus.

Der Spiritus ist wässriger Äthylalkohol, er wird aus der Kartoffel und dem Grünmalz durch Gärung gewonnen, weiter werden die Rückstände der Zellulose- und der Zuckererzeugung auf Spiritus verarbeitet. Äthylalkohol hat einen Heizwert von 6362 kcal, er enthält $52{,}13\%$ C, $13{,}14\%$ H und $34{,}47\%$ O, sein spezifisches Gewicht beträgt 0,79, sein Flammpunkt $18^0$. Er ist zum Antrieb von Kleinmotoren geeignet und hat gegenüber den anderen Betriebsstoffen für diese Maschinen den

Zahlentafel 17. Technische Gase (Heiz-, Kraft- und Leuchtgase).

| Haupt-Gruppe | Unter-gruppe | Art | Abart | unterer Heizwert kcal/m³ | unterer Heizwert kcal/kg | mittlere Zusammensetzung $CO_2$ % | CO % | $CH_4$ % | $C_nH_m$ % | $H_2$ % | Ausbeute aus 1 t Brennstoff m³ |
|---|---|---|---|---|---|---|---|---|---|---|---|
| Naturgase | — | Methangase | Erdgas | 8500 | — | bis 0,8 | bis 1,0 | 58 bis 93 | 0,2 bis 0,8 | 2 bis 35 | — |
| | | | Sumpfgas | — | — | — | — | — | — | — | — |
| | | | Grubengas | — | — | 0,90 | — | 76,3 | — | — | — |
| Künstliche Gase — aus flüssigen Brennstoffen | | Ölgase | Kaltluftgase | Pentairgas | 2000 | — | mit Leichtöldämpfen gesättigte Luft | | | | | — |
| | | | Benoidgas | — | — | | | | | | — |
| | | | Aerogengas | 3000 | — | | | | | | — |
| | | | Ölgas | 6000 | — | 2,5 | 9,3 | 34,6 | 7 | 39,4 | — |
| | | Spaltgase | Blaugas | 10000 bis 12000 | — | — | — | — | — | — | — |
| Künstliche Gase aus festen Brennstoffen gewonnen durch Entgasung | | Reichgase (Entgasungsgase) | Carbogas | karbur. Wassergas | 7230 | — | 6,20 | 13,7 | 32,8 | 16,5 | 24,6 | — |
| | | | Schwelgas | Holzgas | 3800 | — | 25,0 | 27,0 | 17 | 6 | 25 | 3% des Heizwertes |
| | | | | Torfgas | 4100 | — | 32 | 22 | 25.3 | 4 | 12 | 180 |
| | | | | Braunkohlengas | 5800 | 5800 | 20 | 13 | 25 | .18 | 22 | 140 |
| | | | | Steinkohlengas | 6900 | 9100 | 3 | 7 | 48 | 13 | 27 | 100 |
| | | | Destillationsgas | Koksofengas | 4800 | 8800 | 2 | 8 | 29 | 4 | 50 | 320 |
| | | | | Leuchtgas | 5000 | 9700 | 2 | 8 | 32 | 4 | 51 | 340 |
| | | Vollgase | Wassergase | Koks-Wassergas | 2600 | 3900 | 5 | 42 | 0.5 | — | 49 | 2200 |
| | | | | Kohlenwassergas Doppelgas | 2800 | 3900 | 7 | 28 | 8 | 0.6 | 45 | 1800 |
| | | | | Kohlenwassergas Trigas | 2575 | 3600 | 13 | 24 | 5.5 | 0.3 | 51.5 | 1800 |
| | Vergasung | | Oxygase | — | — | — | derzeit noch keine praktische Bedeutung | | | | | |
| | | Schwachgase | Luftgase | Siemensgas Koks | 1060 | 840 | 0,7 | 33,8 | — | — | 1,5 | 4500 |
| | | | | Siemensgas Kohle | 1140 | 970 | 5 | 23 | 3 | 0,2 | 6 | 4000 |
| | | | | Hochofengas | 950 | 750 | 8 | 28 | — | — | 4 | 3800 |
| | | | Mischgase | normales Gaserzeugergas | 1450 | 1300 | 3 | 28 | 3 | 0,2 | 12 | 3750 Steinkohle |
| | | | | Sauggas | 1180 | 1100 | 7 | 22 | 0,5 | — | 18 | 5000 Koks |
| | | | | Mondgas | 1400 | 1325 | 16 | 12 | 4 | 0,5 | 25 | 4000 Steinkohle |
| | | | Regenerativgas | reg. Essengas | — | — | bisher noch nicht praktisch gelöst | | | | | — |
| | | | | reg. Hochofengas | — | — | | | | | | — |
| | | | | reg. Kalkofengas | — | — | | | | | | — |
| aus Nichtbrennstoffen | | Edelgase | nachbehand. Wassergas | Wasserstoff | 2520 | 28900 | — | — | — | — | 98 | — |
| | | | Karbidgas | Acetylen | 13000 | — | — | — | $C_2H_2$ 94 bis 99 | — | — | 300 |
| | | | | Wasserstoff | 2520 | 28900 | — | — | — | — | 98 | — |
| Besondere Bezeichnung verschiedener Gasarten | | | Stadtgas | Leuchtgas, Koksofengas | | | dient zur Stadtversorgung | | | | | |
| | | | | Wassergas | | | | | | | | |
| | | | | Doppelgas | | | | | | | | |
| | | | | Gaserzeugergas | | | | | | | | |
| | | | | oder Gemische aus diesen Gasen | | | | | | | | |
| | | | Rohgas | — | — | ungereinigtes Gas irgendwelcher Art | | | | | | |
| | | | Reingas | — | — | gereinigtes Gas irgendwelcher Art, bei Gaserzeugergas auch Kaltgas genannt. | | | | | | |

Vorteil, daß er geruchlose Auspuffgase liefert. Das Hindernis für seine stärkere Verwendung als Brennstoff ist sein hoher Preis; um es zu beseitigen, wird die Frage seiner synthetischen Herstellung studiert. Er wird heute, gemischt mit Benzin und Benzol, als Betriebsstoff für Automobile verwendet.

## V. Gasförmige Brennstoffe.

### A. Allgemeines.

Gasförmige Brennstoffe finden sich in der Natur nur äußerst selten vor. Nichtsdestoweniger haben die gasförmigen Brennstoffe eine große Bedeutung erlangt, da die Gasfeuerung vielfache Vorteile bietet. Diese sind: 1. Vollständige Verbrennung des Gases mit geringem Luftüberschuß. 2. Möglichkeit der Vorwärmung von Gas und Luft, so daß sich durch die Gasfeuerung hohe Temperaturen erzielen lassen. 3. Leichte Wartung und Bedienung der Feuerung. Fortfall der Aschenwirtschaft und des Transportes des Brennstoffes zu den einzelnen Feuerungsstätten. 4. Rasche Anpassung an die wechselnden Betriebsverhältnisse. Die Gasfeuerungen arbeiten daher mit einem günstigen Wirkungsgrade. Manche Betriebsverfahren, wie das Schmelzen von Stahl im Flammofen, können, wenn nicht hochwertige flüssige Brennstoffe zur Verfügung stehen, nur mit Hilfe der Gasfeuerung durchgeführt werden. Durch die Vergasung ist es möglich, minderwertige feste Brennstoffe allen Verwendungszwecken zuzuführen. Die Vergasung und Entgasung der festen Brennstoffe läßt außerdem die Gewinnung der wertvollen flüssigen Bestandteile der festen Brennstoffe zu, so daß durch sie die festen Brennstoffe vollständig ausgenutzt werden können. Die Vergasung und Entgasung der festen Brennstoffe gewinnt daher eine immer größere Bedeutung. Die gasförmigen Brennstoffe werden nach der Zahlentafel 17 eingeteilt. Diese Zahlentafel enthält auch Angaben über den durchschnittlichen Heizwert und die Zusammensetzung der verschiedenen Gase sowie die Ausbeute, die aus 1 t des Ausgangsbrennstoffes gewonnen wird.

### B. Naturgase.

Sie sind gasförmige Zersetzungsprodukte, die bei der Entstehung der festen und flüssigen Brennstoffe frei werden. Es sind dies: 1. die Erdgase, die in den Erdöl- und Ölschieferlagerstätten anzutreffen sind; 2. die Sumpfgase, die bei der Vertorfung oder Vermoderung der Pflanzen oder Tierleichen entstehen; 3. die Grubengase, die sich bei der Umwandlung der festen Brennstoffe in ihren Lagern entwickeln. Der Hauptbestandteil aller Naturgase ist das Methan, weshalb sie auch Methangase genannt werden. Von ihnen tritt nur das Erdgas in solchen Mengen auf, daß es eine technische Verwertung findet. Es ist in allen Erdölgebieten anzutreffen; das bedeutendste Naturgasvorkommen ist in Nordamerika (Pennsylvanien und Ohio), auch in Texas und Kalifornien tritt es in großen Mengen auf. Der Kaukasus hat auch reiche Erdgasquellen. In Europa ist das Erdgas-

Zahlentafel 18. Erdgase.

| Herkunft | $H_2$ % | $CH_4$ % | $C_nH_m$ % | $O_2$ % | CO % | $CO_2$ % | $N_2$ % | $H_2S$ % | Heizwert kcal/m³ |
|---|---|---|---|---|---|---|---|---|---|
| Neuengamme | — | 95,40 | 1,26 | — | — | — | 3,32 | — | 8262 |
| Siebenbürgen | — | 99,12 | — | 0,15 | — | — | 0,73 | — | 8486 |
| Ohio | 1,89 | 92,84 | 0,20 | 0,35 | 0,55 | 0,20 | 3,82 | 0,15 | 8013 |
| Pennsylvanien | 9÷35 | 72,49 | 0,6÷0,8 | 0,8÷2,1 | 0,4÷1,0 | 0,4÷0,8 | 0÷23,0 | — | 5124÷6409 |
| Grubengas | — | 76,25 | — | 3,14 | — | 0,89 | 19,75 | — | 6528 |

vorkommen in Siebenbürgen das bekannteste. Zahlentafel 18 gibt ein Bild über die Zusammensetzung der Erdgase und ihre Heizwerte. Sie sind hochwertige Brennstoffe, die als Leuchtgas und außerdem zur Heizung aller industriellen Feuerungen vorzüglich geeignet sind.

### C. Künstliche gasförmige Brennstoffe.

Sie können 1. aus flüssigen Brennstoffen, 2. aus festen Brennstoffen und 3. aus Nichtbrennstoffen hergestellt werden.

**1. Gasförmige Brennstoffe aus flüssigen Brennstoffen.** Die künstlichen gasförmigen Brennstoffe aus flüssigen Brennstoffen werden entweder durch Verdampfung der flüssigen Brennstoffe im Luft- oder im Strom eines brennbaren Gases oder durch Verdampfung oder trockene Destillation flüssiger Brennstoffe unter Luftabschluß hergestellt. Da der Rohstoff immer ein Öl ist, so werden sie Ölgase genannt. Nach der Art der Herstellung unterscheidet man: Kaltluftgase, Karbogase, Spaltgase.

a) **Kaltluftgase** werden durch Verdampfen oder Vergasen von Leichtöl im Luftstrom gewonnen. Sie sind nichts anderes als Luft, die mit Kohlenwasserstoffen gesättigt ist. In diese Gruppe gehören das Pentair-Benoid- und Aerogengas. Sie sind ein Ersatz des Leuchtgases und finden wie dieses zur Beheizung von Laboratorien und zur Beleuchtung Verwendung.

b) **Karbogas** wird durch Verdampfen des Leichtöles in einem Strom eines brennbaren Gases hergestellt. Gewöhnlich wird hierzu Wassergas verwendet. Das bekannteste Karbogas ist das karburierte Wassergas. Es wird in größerem Ausmaße in den Leuchtgasanstalten erzeugt. Die Herstellung von karburiertem Wassergas ermöglicht die restlose Umwandlung der Kohle in Leuchtgas.

c) **Spaltgase** werden durch trockene Destillation von Gasölen oder ihre Verdampfung unter Luftabschluß hergestellt. Sie verlieren immer mehr an Bedeutung. Die bekanntesten Vertreter der Spaltgase sind das Ölgas und das Blaugas. Blaugas wird aus dem Ölgas durch Verdichtung auf 20 at abgeschieden. Es werden dabei die Kohlenwasserstoffe des Ölgases mit Ausnahme des Methans verflüssigt. Blaugas wird heute auch in den Kokereien hergestellt. Ölgas wird als Ersatz des Leuchtgases verwendet, Blaugas dient hauptsächlich zur Beleuchtung der Eisenbahnwagen, dann zum autogenen Schweißen, Schneiden und Löten.

**2. Künstliche Gase aus festen Brennstoffen.** Die festen Brennstoffe werden durch Entgasung teilweise, durch Vergasung vollständig, in den gasförmigen Zustand übergeführt. Man unterscheidet die folgenden Untergruppen: a) Reichgase, b) Vollgase, c) Schwachgase, d) Edelgase. Reichgase sind Entgasungs-, Voll-, Schwach- und Edelgase sind Vergasungsgase.

a) **Reichgase** sind Gase, die bei der trockenen Destillation oder Entgasung der rohen festen Brennstoffe erhalten werden. Sie sind dadurch gekennzeichnet, daß sie nur einen geringen Gehalt an Sauerstoffverbindungen und an Stickstoff aufweisen. Der erstere hängt von dem Sauerstoffgehalt des entgasten Brennstoffes ab. Ihre Hauptbestandteile sind: Wasserstoff und Kohlenwasserstoffe. Das Verhältnis beider ist von der Zusammensetzung des Ausgangsbrennstoffes und von der Temperatur, bei der die trockene Destillation erfolgt, abhängig. Die Reichgase werden in die beiden Arten: Schwelgase und Destillationsgase eingeteilt.

α) **Schwelgase.** Wird der rohe feste Brennstoff bei niedriger Temperatur (unter 550°) verkokt, so bezeichnet man die dabei als Nebenprodukt gewonnenen Destillationsgase als Schwelgase. Sie enthalten als Hauptbestandteile Kohlenwasserstoffe. Nach dem Ausgangsstoff unterscheidet man Holz-, Torf-, Braunkohlen-, Steinkohlengas. Ihre durchschnittliche Zusammensetzung, sowie ihr durchschnittlicher Heizwert und die durchschnittliche Ausbeute aus 1 t Brennstoff ist der Zahlentafel 17 zu entnehmen. Sie sind hochwertige gasförmige Brennstoffe, die zu den gleichen Zwecken wie das Leuchtgas verwendet werden können und für alle Industriefeuerungen vorzüglich geeignet sind.

β) Destillationsgase. Sie werden bei der Hochtemperaturverkokung (über 550°) der Steinkohle gewonnen. Sie sind reich an Wasserstoff, ihre Zusammensetzung hängt von der Zusammensetzung des rohen Brennstoffes und der Führung der Entgasungsvorgänge ab. Die wichtigsten Vertreter dieser Art sind das Leuchtgas und das Koksofengas. Heizwert, Ausbeute und Zusammensetzung gehen aus der Zahlentafel 17 hervor. Das Leuchtgas ist Hauptprodukt und wird der Hauptsache nach zur Beleuchtung und Beheizung im Haushalt verwendet. Früher wurde es auch zum Antrieb von Kleinmotoren herangezogen; auf diesem Gebiete wurde es aber durch das billigere Sauggas und durch die preiswerten flüssigen Brennstoffe verdrängt. Das Koksofengas ist ein wichtiges Nebenprodukt der Kokserzeugung. Es werden im Durchschnitt 300 m³ je Tonne Steinkohle gewonnen. Bei einer Jahreserzeugung von über 120 Mill. t Koks beträgt seine jährliche Erzeugung mehrere Milliarden m³. Früher wurde es der Hauptsache nach zur Heizung der Koksöfen verwendet, heute wird es in den neuzeitlichen Koksanlagen zur Gänze anderen Zwecken zugeführt. Es dient einerseits zur Heizung der S. M.-Öfen der Stahlwerksanlagen, die an die Kokereien bzw. das Hochofenwerk angeschlossen sind; weiter wird es zur Krafterzeugung in Explosionsmaschinen und zur Gasversorgung der Industrieorte der Kohlengebiete verwendet. Es ersetzt in letzterem Falle das Leuchtgas, dem es in der Zusammensetzung und im Heizwerte sehr nahesteht.

b) Vollgase. In diese Gruppe werden alle jene Gase eingereiht, die aus festen Brennstoffen durch Vergasung mit Wasserdampf oder mit Sauerstoff angereicherter Luft oder reinem Sauerstoff gewonnen werden. Die Vergasung des Brennstoffes durch Wasserdampf ist endothermisch, d. h. wärmebindend. Sie kann daher nur durchgeführt werden, wenn der Brennstoff vor der Einwirkung des Wasserdampfes auf die entsprechend hohe Temperatur gebracht wird. Es muß also bei der Vergasung des Brennstoffes mit Wasserdampf der Gaserzeuger vor der Vergasung zuerst heiß geblasen werden. Die Vollgase sind dadurch gekennzeichnet, daß sie nur einen geringen $N_2$-Gehalt besitzen und daß ihre brennbaren Bestandteile CO und $H_2$ sind. Werden zu ihrer Erzeugung feste Brennstoffe verwendet, so sind dem Vergasungsgas auch noch die Destillationsgase des Brennstoffes beigemengt. Die Vollgase zerfallen in die folgenden Arten: α) Wassergas, β) Oxygas. Zusammensetzung, Heizwert sowie Ausbeute sind aus Zahlentafel 17 zu entnehmen.

α) Wassergas wird durch Vergasung von Koks oder Kohle mit Wasserdampf gewonnen. Aus Koks hergestellt heißt es Kokswassergas oder kurz Wassergas, wird Kohle als Rohstoff verwendet, so heißt es Kohlenwassergas. Die Zusammensetzung des Kokswassergases schwankt sehr wenig, da sowohl der Ausgangsstoff als auch der Reaktionsverlauf eindeutig ist. Es wird zum Schweißen, Löten, Härten, Glühen und Schmelzen und zur Streckung des Leuchtgases verwendet; im letzteren Falle wird es unter Umständen karburiert.

Die Erzeugung der Kohlenwassergase ist nicht sehr verbreitet. Die bekanntesten Verfahren für seine Herstellung sind das Doppelgasverfahren nach Prof. Strache und das Trigasverfahren der Dellwik Fleischer Wassergasgesellschaft in Frankfurt. Die Kohlenwassergase haben einen etwas höheren Heizwert als das normale Wassergas; sie werden ebenso verwendet wie dieses.

β) Oxygase. Zu den Oxygasen werden jene Gase gezählt, die durch Vergasung von festen Brennstoffen mit $O_2$ oder sauerstoffangereicherter Luft und

Wasserdampf erzeugt werden. Durch die Verwendung des Sauerstoffes wird bei der Vergasung des Brennstoffes eine so große Wärmemenge frei, daß eine ununterbrochene Zersetzung des Wasserdampfes durch den Brennstoff möglich ist. Die Erzeugung des Oxygases ist heute praktisch noch nicht durchführbar, da der Preis des Sauerstoffes noch zu hoch ist.

c) **Schwachgase.** Wird der feste Brennstoff mit Luft allein oder mit Luft und etwas Wasserdampf oder Luft und Kohlensäure vergast, so bezeichnet man die dabei gewonnenen Gase als Schwachgase. Bei der Vergasung der meisten der festen Brennstoffe mit Luft allein, wird der Gaserzeuger zu heiß; es geht in diesem Fall ein zu großer Teil der Wärme des Brennstoffes in freie Wärme des Gases über. Um die überschüssige freie Wärme in gebundene Wärme überzuführen, wird der Vergasungsluft Wasserdampf- oder Kohlensäure beigemengt. Es wird dann der Brennstoff der Hauptsache nach durch den Sauerstoff der Luft, in geringerem Maß durch den Sauerstoff des Wasserdampfes oder der Kohlensäure vergast. Die Schwachgase sind dadurch gekennzeichnet, daß sie als wichtigsten brennbaren Bestandteil das CO enthalten. Je nach der Zusammensetzung des Ausgangsbrennstoffes und der Menge des bei der Vergasung zugesetzten Wasserdampfes wechselt der Gehalt des Gases an $H_2$ und $CH_4$. Ihr $N_2$-Gehalt schwankt innerhalb der Grenzen von $40 \div 60 \%$. Je nachdem, in welcher Weise der Brennstoff vergast wird, unterscheidet man: α) Luftgase, β) Mischgase, γ) Regenerativgase. Zahlentafel 17 gibt ihre durchschnittliche Zusammensetzung und ihren durchschnittlichen Heizwert wieder.

α) **Luftgas.** Wird bei der Vergasung des Brennstoffes Luft allein verwendet, so bezeichnet man das dabei gewonnene Gas als Luftgas. Ist der Rohstoff ein entgaster Brennstoff, so enthält das Gas $50 \div 65 \%$ $N_2$, geringe Mengen von $CO_2$ und bis zu $34{,}70 \%$ CO. In geringem Ausmaße ist, da die Vergasungsluft auch immer etwas Feuchtigkeit enthält, auch noch ein geringer Gehalt an $H_2$ als Träger der gebundenen Wärme vorhanden. Wird roher Brennstoff vergast, so treten neben dem CO auch noch $H_2$ und $CH_4$ als Bestandteile auf. Die wichtigsten Vertreter dieser Gasart sind das Siemensgas und das Hochofengas. Das erste ist Hauptprodukt und wird durch Vergasung von Koks oder rohem festen Brennstoff in Gaserzeugern gewöhnlicher Bauart oder in Abstichgaserzeugern hergestellt. Es dient zur Heizung aller Arten von Vorwärme- und Glüh- und Schmelzöfen sowie zur Krafterzeugung in Gasmaschinen, wozu es allerdings vorher gereinigt werden muß. Das Hochofengas wird als Nebenprodukt bei der Erzeugung des Roheisens gewonnen, und zwar werden im Durchschnitt $3800$ m³ je Tonne erblasenen Roheisens erhalten. Es ist ein wertvolles Nebenprodukt, das in den wärmewirtschaftlich auf der Höhe stehenden Eisen- und Stahlwerken in einer solchen Menge zur Verfügung steht, daß es den Kraft- und Wärmebedarf dieser Betriebe deckt und außerdem noch zur Krafterzeugung für den Verkauf in Frage kommt.

β) **Mischgase.** Es sind Gase, die bei der Vergasung von festen Brennstoffen mit Luft unter Zusatz von Wasserdampf erzeugt werden. Dessen Menge wird entweder so hoch gehalten, daß die Temperatur in der Vergasungszone nicht unter $1100°$ fällt oder es wird soviel Wasserdampf zugesetzt, daß die Temperatur bis auf $800°$ erniedrigt wird. Im ersten Fall wird der Kohlenstoff des Brennstoffes nahezu ausschließlich zu CO, im zweiten Fall wird er hauptsächlich zu $CO_2$ und in geringerem Ausmaße zu CO vergast. Die Halbgase sind also dadurch gekennzeichnet, daß sie neben Kohlenoxyd auch Wasserstoff in größeren Mengen als brennbaren Bestandteil enthalten. Bei der Vergasung roher Brennstoffe sind außerdem noch die Destillationsgase in dem Gaserzeugergas enthalten. Durch die Vergasung der Brennstoffe mit Luft unter Zusatz von Wasserdampf wird der Heizwert des

Gaserzeugergases erhöht. Die Erzeugung von Halbgas wird heute nahezu ausschließlich nach der ersten Art durchgeführt. Ausnahmsweise kommt die zweite Art der Vergasung in Anwendung, und zwar nur dann, wenn es sich darum handelt, bei der Vergasung den Stickstoff des Brennstoffes in Form von Ammoniak zu gewinnen. Das auf erste Art erzeugte Gas wird als normales Gaserzeugergas bezeichnet; der bekannteste Vertreter der zweiten Art der Gaserzeugung ist das Mondgas. Beide Arten der Mischgase sind für die Beheizung aller Öfen und Feuerungen sowie zum Antrieb der Gasmaschinen geeignet.

γ) Regenerativgase. Die Temperatur in der Vergasungszone kann auch dadurch erniedrigt werden, daß der Vergasungsluft Kohlensäure oder kohlensäurehaltige Gase beigemengt werden, da die Reduktion der Kohlensäure durch den Kohlenstoff des Brennstoffes ebenfalls wärmebindend ist. In diesem Falle wird $CO_2$ regeneriert, d. h. wieder in den brennbaren Bestandteil, CO, verwandelt. Das bei dieser Art der Vergasung gewonnene Gas wird daher als Regenerativgas bezeichnet. Als kohlensäurehaltige Gase, die der Vergasungsluft beigemengt werden, kommen Essengase, weiter Hochofengas und die Röstgase der Kalkbrennöfen in Frage. Eine praktische Bedeutung haben die Regenerativgase bisher nicht gewonnen.

d) Edelgase. Wird ein Gas, das durch Vergasung eines festen Brennstoffs hergestellt wird, nachbehandelt, um das Gas von seinen Ballaststoffen zu befreien, d. h. die brennbaren Bestandteile des Gases rein herzustellen, so bezeichnet man das Gas als ein Edelgas. Eine praktische Bedeutung hat bisher nur die Herstellung von Wasserstoff aus Wassergas erhalten.

3. **Künstliche Gase aus Nichtbrennstoffen.** Durch bestimmte Zersetzungsverfahren können brennbare gasförmige Verbindungen auch aus Nichtbrennstoffen in reinem Zustand erzeugt werden. Infolge ihrer Reinheit und einheitlichen Zusammensetzung werden sie als Edelgase bezeichnet. Die wichtigsten Vertreter sind das Azetylen und der Wasserstoff.

a) Azetylen wird durch Zersetzung von Kalziumkarbid mit Wasser hergestellt. Es ist ein hochwertiger Brennstoff, der mit $O_2$ verbrannt, sehr hohe Temperaturen entwickelt. Es wird einerseits zu Beleuchtungszwecken, anderseits beim autogenen Schweiß- und Schneidverfahren und dem Schoopschen Metallspritzverfahren zu Heizzwecken verwendet.

b) Wasserstoff wird durch Elektrolyse von Wasser und von Alkalichloriden, im letzteren Fall als Nebenprodukt, weiter durch Einwirkung von Säuren und Alkalien auf Metalle und Zersetzung von Wasser durch Metalle hergestellt. Es ist ein hochwertiger Brennstoff, der ebenso wie das Azetylen bei dem autogenen Schweiß- und Schneidverfahren und dem Schoopschen Metallspritzverfahren als Brennstoff Verwendung findet.

# VI. Bewertung und Verwendungsmöglichkeit der Brennstoffe.

Der Wert eines Brennstoffes hängt nicht nur von seinem Heizwert, seinem Gehalt an Ballaststoffen, seiner Stückgröße und seinem Verhalten bei der Entgasung, sondern auch von der Einrichtung ab, die zu seiner Verwendung notwendig sind. Für seine Bewertung kommt daher, sobald es feststeht, daß er überhaupt für den gedachten Zweck Verwendung finden kann, nur sein Verbrauchswert für den bestimmten Verwendungszweck in Frage.

Die Entscheidung, ob ein Brennstoff für einen bestimmten Zweck überhaupt verwendbar ist, hängt von seinen physikalischen und chemischen Eigenschaften ab. Von den physikalischen Eigenschaften sind es die Stückgröße, die Festigkeit und die Dichte, die für manchen Verwendungszweck bestimmte Werte besitzen müssen, wie beispielsweise Stückgröße, Festigkeit und Dichte des Kokses für den Hochofen- und Kupolofenbetrieb, Stückgröße des Brennstoffes für die Vergasung in Gaserzeugern. Von den chemischen Eigenschaften kommt, wenn die Kohle zur Koks- oder Leuchtgaserzeugung oder Verschwelung verwendet werden soll, in erster Linie das Verhalten des Brennstoffes bei der Verkokung (Koksaussehen, Koksausbeute, Zusammensetzung und Menge der flüchtigen Bestandteile) in Frage Für alle Verwendungszwecke ist seine Elementaranalyse in Betracht zu ziehen. Von den Nebenbestandteilen der Brennstoffe wird es in manchen Fällen auf einen bestimmten Schwefel- und Aschengehalt ankommen, wie beispielsweise bei der Kohle für die Kokserzeugung, dem Koks für die Hochöfen und Schmelzbetriebe, den Brennstoffen für metallurgische Zwecke. Die Asche wird nicht nur in bezug auf ihre Menge, sondern auch in bezug auf ihr Verhalten beim Verbrennen und Vergasen einen Einfluß auf die Verwendbarkeit des Brennstoffes haben. So soll nach Constam die Asche der Brennstoffe für Zentralheizung einen Schmelzpunkt von mindestens 1300°, die der Kesselkohle einen solchen von 1400°, die der Gaserzeugungskohle einen solchen von über 1500° oder unter 1200° besitzen. Die gesamte Elementaranalyse des Brennstoffes ist bei der Klärung der Frage, ob der Brennstoff für einen bestimmten Verwendungszweck geeignet ist, zu berücksichtigen, da von ihr 1. der Heizwert, 2. die Zusammensetzung der Verbrennungsgase und damit die Verbrennungstemperatur abhängen. Diese muß bei der Beurteilung der Verwendungsfähigkeit des Brennstoffes insofern in Betracht gezogen werden, als sie ein Maß dafür ist, ob die gewünschte Temperatur überhaupt mit dem ins Auge gefaßten Brennstoff erreicht werden kann. Die theoretische Verbrennungstemperatur wird nach Zahlentafel 23 berechnet.

Haben die Voruntersuchungen ergeben, daß der Brennstoff für einen gedachten Zweck geeignet ist, so muß dann sein Verbrauchswert bestimmt werden. Dieser wird nach dem Vorschlag der Wärmestelle des Vereins Deutscher Eisenhütten heute durch die Kosten von 100000 ausgenutzten kcal ausgedrückt (Mitteilung 31 der genannten Stelle). Der Verbrauchswert setzt sich aus den folgenden Posten zusammen: 1. den Brennstoffkosten je Tonne frei Werk: B., 2. den Umschlagskosten je Tonne Brennstoff am Werk: T., 3. den Wartungskosten (Bedienung, Energieverbrauch, Reparatur, Schmierung und allgemeine Unkosten der Verbrauchsanlage) je Tonne Brennstoff: W., 4. den Kosten der Verzinsung und Tilgung des Anlage- und Betriebskapitals der Verbrauchsanlage je Tonne Brennstoff: Z. Wird der Brennstoff nicht unmittelbar verwendet, sondern zuerst entgast, vergast oder mechanisch aufbereitet, so umfassen die Posten 2, 3, 4 nicht nur die entsprechenden Kosten der Feuerungsstelle, sondern auch die der vorbereitenden Anlagen (Schwelerei, Gaserzeugung, Kohlenstaubanlagen). Werden bei der Aufbereitung des Brennstoffes (Entgasung oder Vergasung) Nebenprodukte gewonnen, durch deren Verkauf ein bestimmter Erlös erzielt wird, so muß dieser bei der Berechnung des Verbrauchswertes ebenfalls berücksichtigt werden. 5. Gewinn aus Nebenprodukten je Tonne Brennstoff: G.

Die Kosten je Tonne Brennstoff $k_0$ werden durch folgende Beziehungen wiedergegeben:
$$k_0 = B + T + W + Z - G.$$
100000 kcal im Brennstoff haben dann einen Wert $K$
$$K = (B + T + W + Z - G)\frac{100}{H},$$
wobei $H$ der Heizwert des Brennstoffes ist. Von den Wärmeeinheiten des rohen Brennstoffes werden nun aber nicht $H$, sondern nur $H \cdot n$ ausgenutzt, wobei $n < 1$

ist. Wurde der Brennstoff direkt verwendet, so ist $n$ der Wirkungsgrad der in Betracht kommenden Feuerungsanlagen, wurde der rohe Brennstoff vor der Verwendung in der Feuerungsstelle vergast oder entgast oder vermahlen, so ist $n$ das Produkt aus dem Wirkungsgrad der Feuerungsstelle und dem der Vorbereitungsanlage. Die Kosten für 100000 nutzbar verwertete WE betragen dann:

$$K = (B + T + W + Z - G)\frac{100}{H \cdot n}.$$

Sind nun zwei Brennstoffe miteinander zu vergleichen, so ergibt der Quotient ihrer Verbrauchswerte $\left(\frac{K_1}{K_2}\right)$ ein Bild darüber, welcher von ihnen vorteilhafter zu verwenden ist.

$$\frac{K_1}{K_2} = \frac{B_1 + T_1 + W_1 + Z_1 - G_1}{B_2 + T_2 + W_2 + Z_2 - G_2} \cdot \frac{H_2 \cdot n_2}{H_1 \cdot n_1}$$

Sind einzelne der Posten bei der Verwendung beider Brennstoffe gleich, wie beispielsweise $W_1 = W_2$, $Z_1 = Z_2$, so können sie in der vorstehend angeführten Formel weggelassen werden, ohne daß das Ergebnis wesentlich beeinflußt wird.

## VII. Verwertung der Brennstoffe.

### A. Allgemeines.

Die Brennstoffe werden durch Verbrennung verwertet, bei der ihre gebundene Wärme in freie Wärme übergeführt wird. Die natürlichen und künstlichen gasförmigen Brennstoffe werden direkt verbrannt. Eine Veredelung einzelner der künstlichen Gase vor ihrer Verbrennung ist zwar versucht worden (Regenerierung des Hochofengases), doch hat sie bisher keine praktische Bedeutung erlangt. Die rohen flüssigen Brennstoffe (Erdöl, Braunkohle, Steinkohlen-, Urteer, verflüssigte Kohle) werden in der Regel vor ihrer Verbrennung stufenweise destilliert. Ihre direkte Verbrennung kommt nur dann in Frage, wenn die stufenweise Destillation nicht wirtschaftlich ist, oder wenn die Erzeugung der rohen flüssigen Brennstoffe die Nachfrage nach den Produkten der stufenweisen Destillation übersteigt. Die veredelten flüssigen Brennstoffe (Produkte der stufenweisen Destillation der rohen flüssigen Brennstoffe werden in der

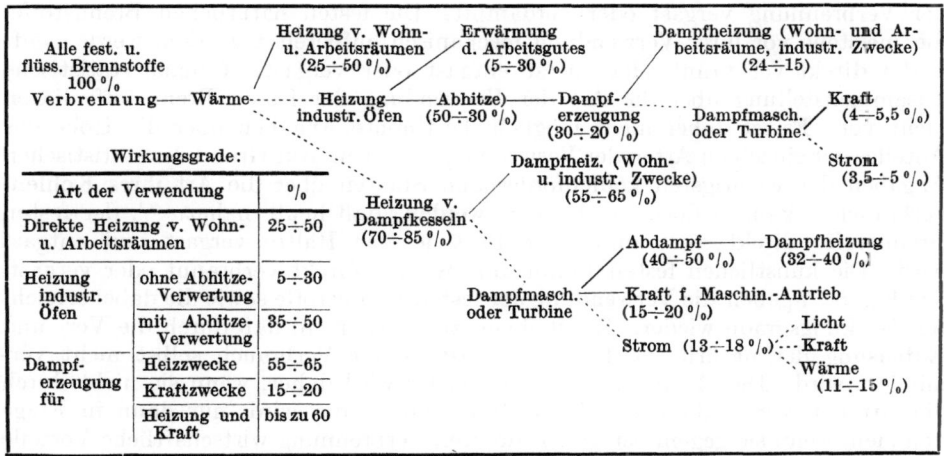

Fig. 5. Verbrennung. ········ soll heißen: oder.

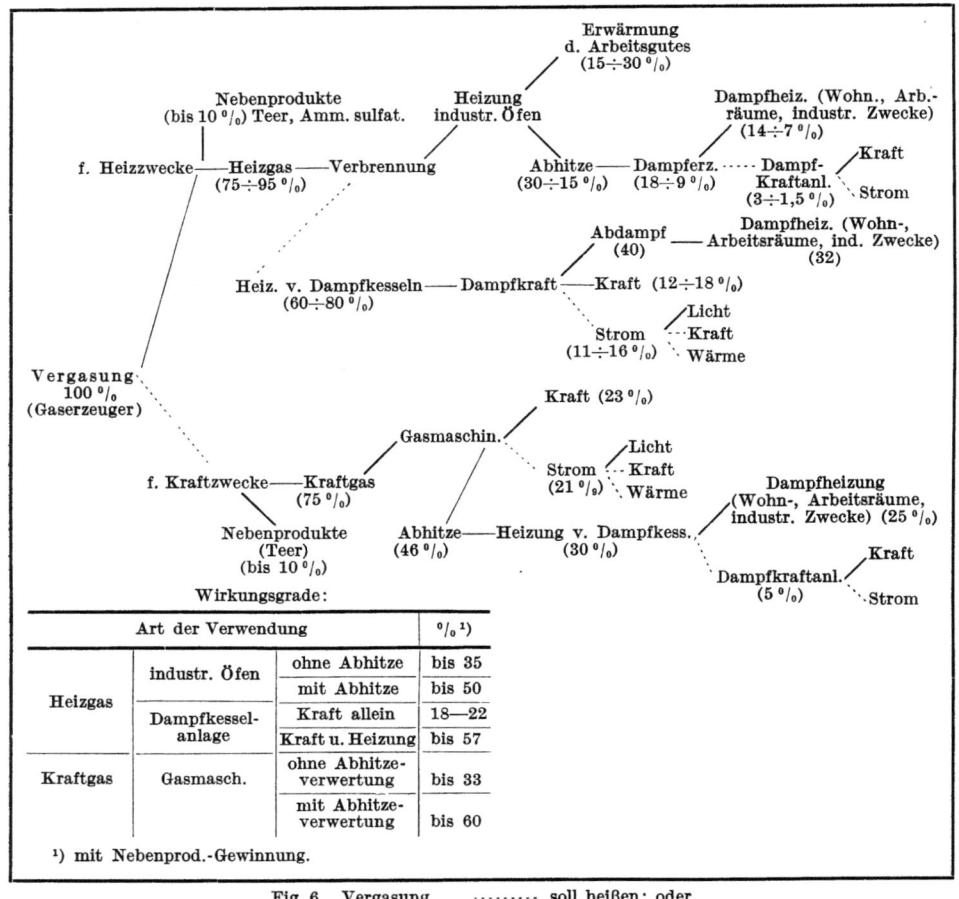

Fig. 6. Vergasung. ········ soll heißen: oder.

Regel direkt verbrannt. Ausnahmsweise werden sie indirekt verbrannt, d. h. vor der Verbrennung vergast oder verdampft. Die festen natürlichen Brennstoffe, die meistens vor ihrer Verwendung mechanisch aufbereitet werden, werden entweder direkt verbrannt oder zuerst entgast oder vergast. Genaue statistische Zusammenstellung über die Art der Verwendung der festen Brennstoffe liegen nicht vor. Es ist daher nicht möglich, bestimmte Angaben über die Höhe des Anteiles der einzelnen Arten der Verwertung zu geben. Auf Grund der statistischen Angaben der wichtigsten kohlenfördernden Staaten über die Art ihres Kohlenverbrauches kann jedoch geschlossen werden, daß heute nahezu $^3/_4$ der festen Brennstoffe direkt verbrannt, der Rest je zur Hälfte vergast und entgast wird. Die künstlichen festen Brennstoffe werden direkt verbrannt oder vergast. Die Fig. 5÷7 geben die Verwendung der festen Brennstoffe sowie die dabei erreichten Wirkungsgrade wieder. Es ist ihnen zu entnehmen, daß durch die Ver- und Entgasung der natürlichen festen Brennstoffe ihr Verbrauch selbst nicht vermindert wird. Die Entgasung und Vergasung wird daher, wenn sie nicht durch die Art der Verwendung des Brennstoffes notwendig wird, nur dann in Frage kommen, wenn sie gegenüber seiner direkten Verbrennung wirtschaftliche Vorteile bietet. Aus den Figuren ist auch der günstige Einfluß der Kupplung der Dampf-

Verbrennung.

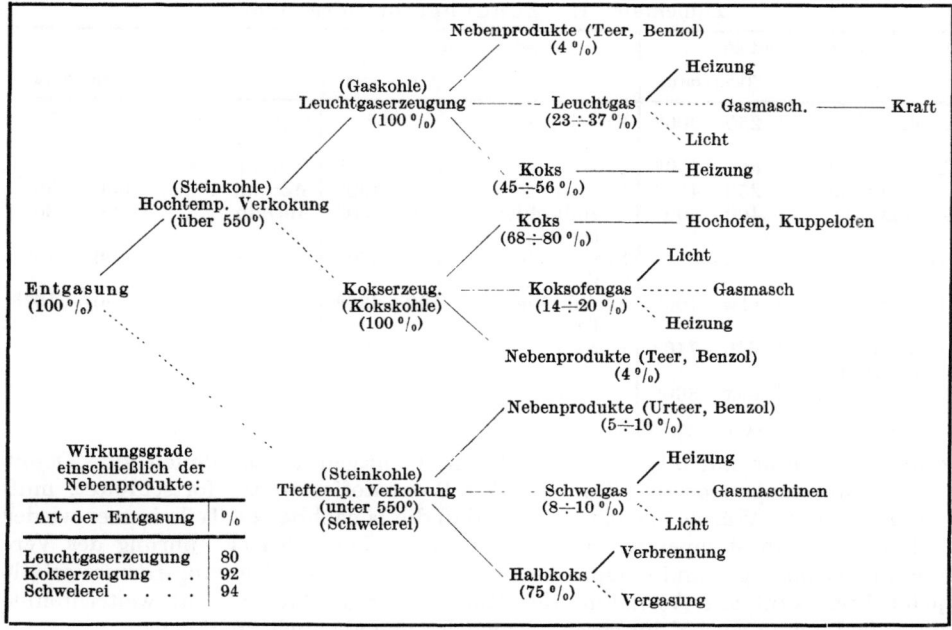

Fig. 7. Entgasung. ......... soll heißen: oder.

und Krafterzeugung und der Verwertung der Abhitze auf den wärmewirtschaftlichen Wirkungsgrad zu erkennen. Beide werden jedoch nur dann in Anwendung gebracht werden, wenn sich dadurch wirtschaftliche Vorteile ergeben.

## B. Verbrennung.

**1. Allgemeines.** Unter der Verbrennung im weiteren Sinne versteht man jede chemische Vereinigung eines Stoffes mit Sauerstoff. Als Verbrennung im engeren Sinne wird nur jene Vereinigung des Stoffes mit Sauerstoff bezeichnet, die oberhalb einer bestimmten Grenztemperatur lebhaft und ohne äußere Wärmezufuhr verläuft. Sie ist in der Regel mit einer Flammen- und Glutbildung verbunden. Die Verbrennung wird durchgeführt, um die gebundene Wärme des Brennstoffes in freie Wärme zu verwandeln, die entweder für Heizzwecke oder durch Umwandlung in gespannten Dampf oder gespannte Verbrennungsgase zur Krafterzeugung verwendet wird. Verbrennt der Kohlenstoff zur Gänze zu $CO_2$, so bezeichnet man die Verbrennung als eine vollkommene. Werden alle brennbaren Bestandteile des Brennstoffes vollkommen verbrannt, so ist die Verbrennung vollständig; ist dies nicht der Fall, so spricht man von einer unvollständigen Verbrennung.

Zur Einleitung der Verbrennung muß der Brennstoff auf seine Entzündungstemperatur gebracht werden; es ist dies die Temperatur, bei der er von selbst weiterbrennt. Sie ist verschieden hoch, je nachdem, ob die Verbrennung mit Luft oder mit Sauerstoff durchgeführt wird; sie hängt auch von der Vortemperatur, den Mischungsverhältnissen und der Größe des Verbrennungsraumes ab. Zahlentafel 19 enthält die Zündungstemperaturen der wichtigsten Brennstoffe, die bei der Verbrennung im Tiegel im Luftstrom festgestellt wurden. Es geht aus ihr hervor, daß die Zündungstemperaturen der Gase im Verhältnis zu jenen der rohen festen Brennstoffe hoch sind. Bei den rohen festen Brennstoffen nimmt die Zün-

Verwertung der Brennstoffe.

Zahlentafel 19. Zündungstemperaturen.

| Feste Brennstoffe | | Flüssige Brennstoffe | | Gase | |
|---|---|---|---|---|---|
| Art | Temperatur | Art | Temperatur | Art | Temperatur |
| Holz .... | 250÷300° | Erdöl .... | 380° | Kohlenoxyd . (feucht) | 650° |
| Torf ... | etwa 250° | Gasöl .... | 350÷430° | Wasserstoff . | 585° |
| Braunkohle . | 250÷450° | Benzin ... | 415÷460° | Methan ... | 650÷750° |
| Steinkohle.. | 400÷500° | Braunkohlen-Teeröl... | 370÷550° | Aethan ... | 520÷630° |
| Holzkohle :. | 250° | Steinkohlen-Teeröl... | 580÷650° | Azetylen... | 406÷440° |
| Halbkoks .. | etwa 400° | Steinkohlen-Teer ... | 500÷630° | Aethylen .. | 500÷519° [2]) |
| Koks[1]) ... | 640÷740° | Benzol ... | 520° | — | — |
| reiner Kohlenstoff ... | etwa 800° | — | — | — | — |

[1]) Untere Temperaturen für Hochofen-, obere für Gießereikoks.    [2]) Mit Sauerstoff.

dungstemperatur mit fallendem Gehalt an flüchtigen Bestandteilen zu. Damit die Verbrennung nach der Zündung des Brennstoffes weiter fortschreitet, muß durch sie soviel Wärme erzeugt werden, daß die benachbarten Teile immer wieder auf die Zündungstemperatur gebracht werden. Bei richtiger Führung des Verbrennungsvorganges und entsprechender Ausführung des Feuerungsraumes erfüllt jeder Brennstoff mit Ausnahme des Kokses, der im Freien nicht weiterbrennt, diese Bedingung sowohl im geschlossenen Raume als auch im Freien.

Die Geschwindigkeit, mit der der Brennstoff verbrennt, wird als Verbrennungsgeschwindigkeit bezeichnet. Sie ist bei den festen Brennstoffen von der Größe der Oberfläche (Stückgröße des Brennstoffes), der Geschwindigkeit der entstehenden Verbrennungsgase, der Art der Gaskanäle im Brennstoffbett, der Sauerstoffkonzentration, der Temperatur und Diffusionsgeschwindigkeit abhängig. Um bei der Verbrennung der festen Brennstoffe eine hohe Brenngeschwindigkeit zu erhalten, muß 1. im Feuerungsraum eine bestimmte Mindesttemperatur eingehalten werden, muß 2. eine genügend hohe Gasgeschwindigkeit, also genügend Saugwirkung oder Geschwindigkeit des einströmenden Windes (Unterwind) vorhanden sein und muß 3. der Brennstoff eine genügende Oberfläche aufweisen.

Bei den gasförmigen Brennstoffen wird die Zeit vom Beginn der Zündung bis zur Beendigung der Reaktion als Verbrennungsgeschwindigkeit oder Brennzeit bezeichnet. Sie hängt von der Güte der Mischung und der Reaktionsgeschwindigkeit ab. Diese wird von der Temperatur und katalytischen Einflüssen bestimmt. Mit fortschreitender Verbrennung nimmt die Brennzeit zu, da sie auch von der Konzentration der brennbaren Bestandteile abhängt (Massenwirkungsgesetz). Praktisch brauchbare Zahlen über ihren Wert bei den verschiedenen Gasen können bisher nicht gegeben werden.

Bei den Gasen ist neben der Brennzeit auch noch die Zündgeschwindigkeit in Betracht zu ziehen. Unter der Zündgeschwindigkeit versteht man die Geschwindigkeit, mit der sich die Verbrennung in einem brennbaren Gasgemisch, das auf Zündtemperatur erhitzt ist, fortpflanzt. Ihre Werte für die verschiedenen Gase, die durch Laboratoriumsversuche festgestellt wurden, sind praktisch nicht verwertbar, da sie sich auf Zimmertemperatur beziehen und katalytische Einflüsse das Bild verschieben. Sie lassen jedoch erkennen, daß die Zündgeschwindigkeit bei den einzelnen Gasen verschieden groß ist. Nach Ubbelhode ist die Reihung der einzelnen Gase, nach abnehmender Zündgeschwindigkeit gereiht, die folgende: 1. Wasserstoff, 2. Azetylen, 3. Leuchtgas, 4. Äthylen, 5. Methan und 6. Kohlenoxyd. Die Zündgeschwindigkeit ist nicht bei der theoretischen Luftmenge, sondern bei einem bestimmten Luftmangel am größten. Dies erklärt sich durch die höhere Wärmeleitfähigkeit des gasreicheren Gemisches. Bei Kohlenoxyd wird die Zündgeschwindigkeit durch einen geringen Wasserdampfzusatz (bis zu 9,4 $^0/_0$) erhöht. Eine weitere Steigerung des Dampfzusatzes senkt die Zündgeschwindigkeit wieder. Auch ein Zusatz von Wasserstoff steigert die Zündgeschwindigkeit des Kohlenoxydes. Es geht daraus hervor, daß Wasserstoff und Kohlenoxyd oder Wasserdampf und Kohlensäure bei der Verbrennung katalytisch aufeinander einwirken.

2. **Verbrennungsvorgang.** Die festen und flüssigen Brennstoffe enthalten als brennbare Bestandteile C und $H_2$, die gasförmigen CO, $H_2$ und $CH_4$, Äthylen und Teernebel. Die chemischen Vorgänge und deren Gewichts- und Volumverhältnisse, die bei der Verbrennung und Vergasung vor sich gehen, gibt Zahlentafel 20 wieder.

Am einfachsten sind die Vorgänge bei der Verbrennung der Gase. Es treten in diesem Falle die einzelnen Bestandteile nach den Gleichungen 2, 3, 4, 5 der genannten Zahlentafel mit dem $O_2$ der Verbrennungsluft in Reaktion. Zur Verbrennung der Gase ist ihre Durchdringung mit Sauerstoff notwendig. Je gleichmäßiger das Gemisch von Gas und Luft ist, desto schneller und vollkommener ist seine Verbrennung. Gas und Luft lassen sich leicht mischen, ihre vollständige Verbrennung ist daher mit einem geringen Luftüberschuß zu erreichen (Luftfaktor 0,8÷0,9 = Luftüberschuß 1,25÷1,1). Der Wirkungsgrad der Gasfeuerung ist dementsprechend gut. Die Gase werden mit Hilfe von Gasbrennern verbrannt, die in der Regel so eingerichtet sind, daß die Verbrennungsluft ganz oder teilweise dem Gas so zugeführt wird, daß an der Verbrennungsstelle schon ein inniges Gemisch von Gas und Luft besteht. Die Luft wird gewöhnlich unabhängig vom Kaminzug zugeführt, damit eine Drosselung des Kaminschiebers, die zur Erzeugung geringer Abgastemperatur durchgeführt wird, ohne Einfluß auf die Verbrennung ist.

Bei den neuzeitlichen Gasfeuerungen wird auch die Schwankung im Gasdruck durch Gasdruckregler ausgeglichen, so daß Störungen in der vollständigen, vollkommenen Verbrennung unterbleiben.

Die flüssigen Brennstoffe, die der Hauptsache nach aus C und $H_2$ bestehen, gehen vor der Verbrennung durch Verdampfung oder Zersetzung in Gasform über. Sie lassen sich durch entsprechende Zerstäubung mit der Verbrennungsluft innig mischen, so daß auch sie vollständig vollkommen verbrennen mit einem geringen Luftüberschuß (Luftfaktor 0,8÷0,9 = Luftüberschuß 1,25÷1,1). Sie ergeben deshalb ebenfalls einen günstigen wärmewirtschaftlichen Wirkungsgrad. Zur rechnerischen Erfassung ihrer Verbrennung kommen die Gleichungen 1÷3 der Zahlentafel 20 in Frage. Die Verbrennungsvorgänge selbst sind aber durch diese beiden Gleichungen nicht vollständig wiedergegeben, da der Verbrennung eine Verdampfung und Zersetzung des flüssigen Brennstoffes vorausgeht; er wird dadurch in ein Gas von wechselnder Zusammensetzung übergeführt, dessen wichtigste Bestandteile $CH_4$, $C_2H_4$ und andere Kohlenwasserstoffe, sowie Wasserstoff sind.

Am verwickeltsten sind die Vorgänge bei der Verbrennung der festen Brennstoffe. Sie enthalten als brennbare Bestandteile C und $H_2$. Es genügen daher zur rechnerischen Erfassung ihrer Verbrennung auch für sie die Gleichungen 1÷3. Für die Beurteilung ihrer Verbrennungsvorgänge kommen aber sämtliche Gleichungen der Zahlentafel 20 in Frage, da die festen Brennstoffe bei der Verbrennung ent- und vergast werden, so daß zur direkten Verbrennung des C und $H_2$ noch die Verbrennung der gas- und dampfförmigen Produkte der Ent- und Vergasung hinzutreten.

Verwertung der Brennstoffe.

Zahlentafel 20. Verbrennungs- und Vergasungsgleichungen.

| Stoff | Gleichung Nr. | Chemische Gleichung und deren Gewichtsbzw. Volumverhältnisse und Wärmeentwicklung oder -bedarf | Einheit kg = m³ | Theoretischer Bedarf je Einheit [1] | | | | | | Gasmenge und -zusammensetzung | | | | | | | | | | Wärmeentwicklung (+)[2] bzw. -bedarf (—) je Einheit |
|---|---|---|---|---|---|---|---|---|---|---|---|---|---|---|---|---|---|---|---|---|
| | | | | $O_2$ kg | $O_2$ m³ | Luft kg | Luft m³ | $H_2O$ kg | $H_2O$ m³ | $CO_2$ kg | $CO_2$ m³ | $CO_2$ Vol. % | $H_2O$ kg | $H_2O$ m³ | $H_2O$ Vol. % | $N_2$ kg | $N_2$ m³ | $N_2$ Vol. % | Summe kg | Summe m³ | |
| **Verbrennung** | | | | | | | | | | | | | | | | | | | | | |
| C | 1 | $C + O_2 = CO_2 + 97640$ kcal $12 + 32 = 44$ $1 m^3 C + 2 m^3 O_2$ $= 2 m^3 CO_2 + 8700$ kcal | 1 | 2,67 | 1,866 | 11,46 | 8,88 | — | — | 3,67 | 1,86 | 21,0 | — | — | — | 8,8 | 7,02 | 79 | 12,47 | 8,88 | 8130 |
| | | | 1,07 | 2,86 | 2,0 | 12,38 | 9,52 | — | — | 3,93 | 2,0 | 21,0 | — | — | — | 9,52 | 7,52 | 79 | 13,45 | 9,52 | 8700 |
| CO | 2 | $2CO + O_2 = 2CO_2$ $+137200$ kcal $56 + 32 = 88$ $2 m^3 CO + 1 m^3 O_2$ $= 2 m^3 CO_2 + 6080$ kcal | 1 | 0,57 | 0,4 | 2,46 | 1,90 | — | — | 1,57 | 0,8 | 34,6 | — | — | — | 1,89 | 1,51 | 65,4 | 3,46 | 2,31 | 2450 |
| | | | 1,25 | 0,71 | 0,5 | 3,09 | 2,39 | — | — | 1,96 | 1,0 | 34,6 | — | — | — | 2,38 | 1,89 | 65,4 | 4,34 | 2,39 | 3040 |
| $H_2$ | 3 | $2H_2 + O_2 = 2H_2O$ $+114000$ kcal $4 + 32 = 36$ $2 m^3 H_2 + 1 m^3 O_2$ $= 2 m^3 H_2O + 5080$ kcal | 1 | 8 | 5,6 | 34,4 | 26,65 | — | — | — | — | — | 9,0 | 11,22 | 34,6 | 26,4 | 21,06 | 65,4 | 35,4 | 32,28 | 28500 |
| | | | 0,089 | 0,71 | 0,5 | 3,09 | 2,39 | — | — | — | — | — | 0,799 | 1,0 | 34,6 | 1,89 | 1,89 | 65,4 | 3,17 | 2,89 | 2540 |
| $CH_4$ | 4 | $CH_4 + 2O_2 =$ $+2H_2O + 191100$ kcal $16 + 64 = 44 + 36$ $1 m^3 CH_4 + 2 m^3 O_2$ $= 1 m^3 CO_2 + 2 m^3$ $H_2O + 8580$ kcal | 1 | 4,0 | 2,8 | 17,23 | 13,35 | — | — | 2,75 | 1,40 | 9,5 | 2,25 | 2,8 | 19,0 | 13,23 | 10,55 | 71,5 | 18,23 | 14,75 | 11950 |
| | | | 0,715 | 2,86 | 2,0 | 12,38 | 9,52 | — | — | 1,97 | 1,0 | 9,5 | 1,60 | 2,0 | 19,0 | 9,52 | 7,55 | 71,5 | 13,09 | 10,55 | 8580 |
| $C_2H_4$ | 5 | $C_2H_4 + 3O_2 = 2CO_2$ $+2H_2O + 315840$ $28 + 96 = 88 + 36$ $1 m^3 C_2H_4 + 3 m^3 O_2$ $= 2 m^3 CO_2 + 2 m^3$ $H_2O + 14100$ kcal | 1 | 3,42 | 2,4 | 14,78 | 11,45 | 1,5 | — | 3,14 | 1,6 | 13,1 | 1,28 | 1,6 | 13,1 | 11,31 | 9,05 | 73,8 | 15,73 | 12,25 | 11280 |
| | | | 1,251 | 4,24 | 3,0 | 18,57 | 14,28 | 1,61 | 1,86 | 3,93 | 2,0 | 13,1 | 1,60 | 2,0 | 13,1 | 14,28 | 11,28 | 73,8 | 19,81 | 15,28 | 14100 |
| **Vergasung** | | | | | | | | | | | | | | | | | | | | | |
| C | 6 | $2C + O_2 = 2CO + 58880$ $24 + 32 = 56$ $1 m^3 C + 1 m^3 O_2$ $= 2 m^3 CO + 2620$ | 1 | 1,33 | 0,953 | 5,73 | 4,43 | — | — | CO 2,33 | 1,86 | 34,6 | — | — | — | 4,4 | 3,51 | 65,4 | 6,73 | 5,37 | 2450 |
| | | | 1,07 | 1,43 | 1,00 | 6,19 | 4,76 | — | — | 2,5 | 2,0 | 34,6 | — | — | — | 4,76 | 3,76 | 65,4 | 7,26 | 5,76 | 2620 |
| | 7 | $C + CO_2 = 2CO - 38760$ $12 + 44 = 56$ $1 m^3 CO_2 = 2 m^3 CO$ $= 4 m^3 CO - 3454$ | 1 | $CO_2$ 3,67 | 0,935 | — | — | — | — | 4,67 | 3,72 | 100 | — | — | — | — | — | — | 4,67 | 3,72 | —3230 |
| | | | 1,07 | 3,92 | 1 | — | — | — | — | 5,00 | 4,00 | 100 | — | — | — | — | — | — | 5,00 | 4,00 | —3454 |
| | 8 | $C + H_2O = CO + H_2$ $-27920$ $12 + 18 = 28 + 2$ $1 m^3 C + 2 m^3 H_2O$ $= 2 m^3 CO + 2 m^3 H_2 -2480$ | 1 | — | — | — | — | 1,5 | 1,86 | 2,33 | 1,866 | 50 | $H_2$ 0,17 | 1,866 | 50 | — | — | — | 2,5 | 3,73 | —2330 |
| | | | 1,07 | — | — | — | — | 1,61 | 2,0 | 2,5 | 2,0 | 50 | 0,18 | 2,0 | 50 | — | — | — | 2,68 | 4,0 | —2480 |
| C | 9 | $C + 2H_2O = CO_2$ $+2H_2 - 17800$ $12 + 36 = 44 + 4$ $1 m^3 C + 4 m^3 H_2O$ $= 2 m^3 CO_2 + 4 m^3 H_2$ $-1680$ kcal | 1 | — | — | — | — | 3,0 | 3,72 | $CO_2$ 3,67 | 1,866 | 33,3 | 0,33 | 3,732 | 66,7 | — | — | — | 4,0 | 5,59 | —1480 |
| | | | 1,07 | — | — | — | — | 3,21 | 4,0 | 3,93 | 2,0 | 33,3 | 0,356 | 4,0 | 66,7 | — | — | — | 4,28 | 6,0 | —1580 |

[1] 0° und 760 mm Barometerstand.    [2] untere Heizwerte.

Der weitaus größte Teil der festen Brennstoffe wird auf Rosten, ein geringer Teil wird mit Hilfe der Kohlenstaubfeuerung verbrannt. Das beste Bild über die Vorgänge bei der Verbrennung der festen Brennstoffe auf dem Rost wird erhalten, wenn man den Brennstoff auf seinem Wege durch die Feuerung verfolgt. Der frisch aufgelegte Brennstoff wärmt sich an der Glut und den ihr entgegenströmenden Verbrennungsgasen vor. Er wird, sobald er die Temperatur von $100^0$ erreicht, zunächst getrocknet. Die Trocknung ist bei manchen Brennstoffen erst bei $250^0$ beendet. Hat er die Temperatur von $150\div 200^0$ angenommen, so setzt dann seine Entgasung ein, die bis zur Temperatur von $1100^0$ vor sich geht.

Vorgänge bei der Entgasung siehe Abschnitt Entgasung, Allgemeines.

Der rohe Brennstoff wird durch die Entgasung allmählich in Koks übergeführt. In den oberen Schichten der Koksglut wird dann der C des Kokses bei einer Temperatur von über $1100^0$ durch den $O_2$ der Kohlensäure und des Wasserdampfes der entgegenströmenden Gase nach den Gleichungen 6, 7, 8 zu CO verbrannt, bzw. vergast. Es nimmt dadurch sein C-Gehalt allmählich ab. Gelangt der kohlenstoffärmere Koks in die tieferen, kälteren Schichten der Glut, so wird der Rest des C durch die Einwirkung des $O_2$ und den Feuchtigkeitsgehalt der Verbrennungsluft nach den Gleichungen 1 und 9 zu $CO_2$ verbrannt. Bei den Brennstoffen, die eine leicht schmelzbare Asche besitzen, wird der Verbrennungsluft absichtlich etwas Wasserdampf zugesetzt, um durch die wärmebindende Zersetzung des Wasserdampfes ein Schmelzen oder Verschlacken der Asche zu vermeiden. Die in den einzelnen Zonen der Brennstoffschichten durch die Entgasung und Vergasung des Brennstoffes entstehenden brennbaren Gase (CO, $H_2$, $CH_4$) werden teilweise sofort mit dem $O_2$ der Verbrennungsgase in Reaktion treten und zu $CO_2$ und Wasserdampf verbrennen. Wieweit diese verschiedenen Reaktionen in den einzelnen Brennstoffschichten vor sich gehen, wird von der Temperatur, der Zusammensetzung der Verbrennungsgase, dem Verhältnis der Oberfläche des Brennstoffes zu den Gasen (Masseneinwirkungsgesetz) der Höhe der Brennstoffschichten, der Reaktionsfähigkeit des Kokses, der Strömungsgeschwindigkeit und dem Wirbelungszustand in den einzelnen Gaskanälen abhängen. Für jeden Fall wird dem Brennstoffbett während der Entgasung des Brennstoffes ein Gas entweichen, das neben $CO_2$, Wasserdampf, $N_2$ und $O_2$ noch CO, $H_2$, $CH_4$, $C_2H_4$ und Teernebel enthält. Nach der Entgasung wird es neben dem $CO_2$, dem Wasserdampf, $N_2$ und $O_2$ nur CO und $H_2$ aufweisen. Die brennbaren Bestandteile werden dann auf dem weiteren Wege der Gase durch den Feuerungsraum bei Gegenwart von genügend $O_2$ vollkommen verbrannt. Bedingung hierfür ist, daß der Feuerungsraum genügend groß und so ausgestaltet ist, daß die Temperatur der Gase vor der vollkommenen Verbrennung ihrer brennbaren Bestandteile nicht unter deren Zündtemperatur fällt. Fig. 8 gibt die Vorgänge bei der Verbrennung schematisch wieder. Tatsächlich wird sich in keiner Feuerung eine derartig scharfe Trennung der einzelnen Schichten feststellen lassen.

Ist die Feuerung so eingerichtet, daß der frisch aufgenommene Brennstoff die Glut völlig überdeckt (Planrost), so wird nach der Aufgabe des frischen Brennstoffes der Sauerstoffbedarf der Feuerung infolge der in kurzer Zeit vor sich gehenden heftigen Entwicklung von brennbaren Gasen (manche Brennstoffe enthalten bis zu $40\,\%$ flüchtige Bestandteile) größer sein als nach der Entgasung des Brennstoffes. Bei den meisten Feuerungen wird die Verbrennungsluft während der ganzen Zeit, solange keine Änderung in der Menge des aufgegebenen Brennstoffes durchgeführt wird, gleichgehalten. Es wird in diesem Falle die Zusammensetzung der Abgase zwischen zwei Brennstoffaufgaben stark schwanken. Wird während der ganzen Zeit nur die Luftmenge zugeführt, die theoretisch zur

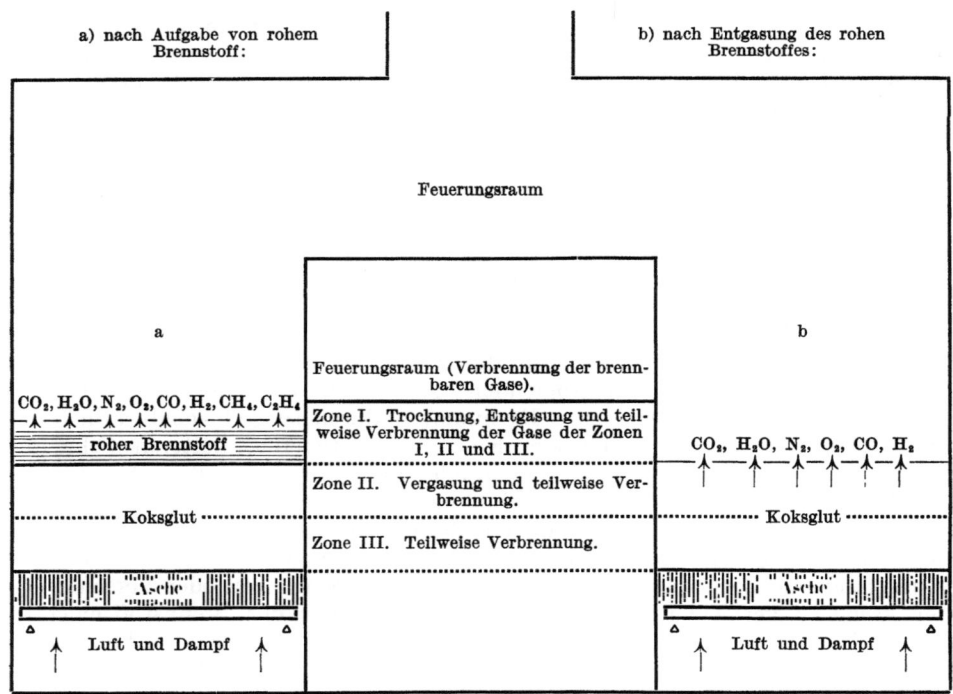

Fig. 8. Verbrennungsvorgänge am Planrost.

vollständigen vollkommenen Verbrennung notwendig ist, so wird während der Entgasung des Brennstoffes Luftmangel herrschen; es wird während dieser Zeit die Verbrennung unvollständig sein. Bei den Feuerungen, die mit Essenzug arbeiten, wird die unvollständige Verbrennung, da bei der Aufgabe des frischen Brennstoffes eine Abkühlung und damit eine Verminderung der Zugwirkung eintritt, besonders stark auftreten. Nach der Entgasung ist Luftüberschuß vorhanden. Die Wärme, die durch unverbrannte Gase abgeführt wird, ist unwiederbringlich verloren, während der Verlust durch hohen Luftüberschuß, durch entsprechende Anordnung der Heizfläche, weitgehend herabgemindert werden kann. Es ist daher die unvollständige Verbrennung zu vermeiden. Um dies während der Entgasungsperiode zu erreichen, muß mit einem bestimmten Luftüberschuß gearbeitet werden, der um so höher gehalten werden muß, je größer die auf einmal aufgegebene Brennstoffmenge ist. Oftmalige Aufgabe kleiner Mengen wird ein Arbeiten mit geringerem Luftüberschuß ermöglichen. Diese Art der Beschickung ist jedoch nur bei mechanischen Feuerungen durch-

## Verbrennung.

führbar. Bei den gewöhnlichen von Hand aus beschickten Planrosten wird der Weg seltener, aber größerer Beschickung gewählt, da die Aufgabe des Brennstoffes bei dieser Art der Feuerung stets eine Abkühlung des Feuerungsraumes bedingt, die den Wirkungsgrad der Feuerung ungünstiger beeinflußt als der bei seltener Aufgabe auftretende größere Luftüberschuß. Die Höhe des Luftüberschusses wird von der Natur des Brennstoffes und seiner Stückgröße abhängen. Bei Planrostfeuerungen wird er in der Regel mindestens 50 % (Luftfaktor $\leq 0{,}7$) betragen.

Bei der Rostfeuerung ist eine vollkommene vollständige Verbrennung mit geringerem Luftüberschuß zu erreichen, wenn die Feuerung so eingerichtet wird, daß der Brennstoff seinen Weg nicht senkrecht, sondern seitwärts durch die Feuerung nimmt. Es wird dann in einem Teil der Feuerung die Entgasung, Vergasung und Verbrennung, in dem anderen die Vergasung und Verbrennung gleichzeitig durchgeführt. Durch die Vermischung der in beiden Teilen entstehenden Gase wird während der ganzen Zeit bei gleichmäßiger Brennstoff- und Luftzufuhr, eine vollkommene vollständige Verbrennung mit einem geringeren Luftüberschuß erreicht. Er wird ebenfalls von der Stückgröße und der Natur der Brennstoffe abhängen, jedoch höchstens 50 % (Luftfaktor $\geq 0{,}7$) betragen. Auf diese Art wird der Brennstoff bei den Wander-, Schräg- und Treppenrosten verbrannt.

Zahlentafel 21.
**Übersicht über die Verbrennungsvorrichtungen fester Brennstoffe.**

| Art der Feuerung | | | | verwendbar für |
|---|---|---|---|---|
| Bezeichnung | Art der Luftzuführung | | | |
| Planrost für Handbeschickung | natürlicher Zug | Erstluft | gasarme Kohlen | für alle Arten und Stückgrößen der hochwertigen Stein- und Braunkohlen |
| | | Erst- und Zweitluft | gasreiche Kohlen | |
| | Unterwind | Erstluft | gasarme Kohlen | für alle Arten und Stückgrößen hoch- und minderwertiger Kohlen |
| | | Erst- und Zweitluft | gasreiche Kohlen | |
| Planrost mit Wurffeuerung | Unterwind | Erstluft | gasarme Kohlen | für alle Arten und Stückgrößen hoch- und minderwertiger Steinkohlen, die nicht backen |
| | | Erst- und Zweitluft | gasreiche Kohlen | |
| Schräg- und Treppenroste | natürlicher Zug | Erstluft | gasarme Kohlen | für alle Arten und Stückgrößen der hochwertigen Braun- und Steinkohlen |
| | | Erst- und Zweitluft | gasreiche Kohlen | |
| | Unterwind | Erstluft | gasarme Kohlen | für alle Arten und Stückgrößen der hoch- und minderwertigen Kohlen |
| | | Erst- und Zweitluft | gasreiche Kohlen | |
| mechanische Schräg- und Treppenroste | Unterwind | Erstluft | gasarme Kohlen | f. alle Kohlenart. u. Stückgröß., die nicht stark backen od. eine leicht schmelzbare Asche geben |
| | | Erst- und Zweitluft | gasreiche Kohlen | |
| Vorschubfeuerung | Wanderrost | natürlicher Zug | Erstluft | gasarme Kohlen | nur für hochwertige Kohle mit über 15 % Gasgehalt mit nicht zu feiner Körnung |
| | | | Erst- und Zweitluft | gasreiche Kohlen | |
| | | Unterwind | Erstluft | gasarme Kohlen | für hoch- und minderwertige Kohlen jeder Art mit nicht zu feiner Körnung |
| | | | Erst- und Zweitluft | gasreiche Kohlen | |
| | hin und her gehende Roststäbe | natürlicher Zug | Erstluft | gasarme Kohlen | für gasreiche, hochwertige sinternde Kohlen, ohne fließende oder festbrennende Schlacke |
| | | | Erst- und Zweitluft | gasreiche Kohlen | |
| | | Unterwind | Erstluft | gasarme Kohlen | für gasreiche, minderwertige sinternde Kohle ohne fließende oder festbrennende Schlacke |
| | | | Erst- und Zweitluft | gasreiche Kohlen | |
| Unterschubfeuerung | Unterwind | Erstluft | | für gasreiche nicht backende und aschenärmere Kohlen |
| Kohlenstaubfeuerung | Unterwind | Erst- und Zweitluft | | für alle Arten der festen Brennstoffe, bis zu einem Aschengehalt von 60 % |
| Halbgasfeuerung | Unterwind | Erst- und Zweitluft | | für alle Arten der festen nicht zu feinkörnigen Brennstoffe. |

Verwertung der Brennstoffe.

Zahlentafel 22. **Formeln für die Berechnung des Luftbedarfes und der Abgasmengen in m³** (vollkommene, vollständige Verbrennung).

a) Feste und flüssige Brennstoffe. 1 kg Brennstoff enthält: $c_1$ kg C, $h_1$ kg $H_2$, $o_1$ kg $O_2$, $w_1$ kg $H_2O$, $s_1$ kg S, $n_1'$ kg $N_2$, Disponibler $H_2 = h_1'$ kg $= h_1 - \dfrac{O}{8}$, Verhältnis $\dfrac{h_1'}{c_1} = x$.

$n$ = Luftfaktor.

$$\underbrace{(c_1 + h_1' + s_1 + n_1' + w_1)}_{\text{1 kg Brennstoff}} + \underbrace{\dfrac{1{,}866\,c_1 + 5{,}55\,h_1' + 0{,}7\,s_1}{n}}_{\text{wirkl. Sauerstoff} = O_2 = \dfrac{O_{2th}}{n}} O_2 + 3{,}76 \cdot O_{2w} \cdot N_2$$

wirkl. Luftmenge $= L_w = \dfrac{L_{th}}{n}$

$$= \underbrace{1{,}866\,CO_2 + 0{,}7\,s\,SO_2}_{A} + \underbrace{(O_{2w} - O_{th})\,O_2 + (3{,}76\,O_w + 0{,}8\,n')\,N_2}_{B} + \underbrace{(11{,}1\,h + 1{,}24\,w)\,H_2O}_{C}$$

Abgas trocken

Abgas naß

b) Gasförmige Brennstoffe. 1 m³ Gas enthält: $k_1$ m³ $CO_2$, $p_1$ m³ CO, $q_1$ m³ $O_2$, $n_1$ m³ $N_2$, $h_1$ m³ $H_2$, $v_1$ m³ $CH_4$, $r_1$ m³ $C_2H_4$, $s_1$ m³ $C_2H_2$, $w_1$ m³ $H_2O$.

$$\underbrace{(k_1 + p_1 + q_1 + n_1 + h_1 + v_1 + r_1 + s_1 + w_1)}_{\text{1 m}^3\text{ Heizgas}} + \dfrac{0{,}5\,h_1 + 0{,}5\,p_1 + 2\,v_1 + 3\,r_1 + 2{,}5\,s_1 - q_1}{n} O_2 + 3{,}76\,O_{2w} \cdot N_2$$

$n$ = Luftfaktor.

wirkl. Sauerstoff $= O_{2w} = \dfrac{O_{2th}}{n}$

wirkl. Luftmenge $= L_w = \dfrac{L_{th}}{n}$

$$= \underbrace{(p_1 + k_1 + v_1 + 2\,r_1 + 2\,s_1)\,CO_2}_{A} + \underbrace{(n_1 + 3{.}76\,O_{2w})\,N_2 + (O_{2w} - O_{2th})\,O_2}_{B} + \underbrace{(h_1 + 2\,v_1 + 2\,r_1 + s_1 + w_1)\,H_2O}_{C}.$$

Abgas trocken

Abgas naß

Die Verbrennungsluft wird bei der Verbrennung der festen Brennstoffe entweder durch die Saugwirkung der Esse oder durch mechanische Sauganlagen oder durch Ventilatoren (Unterwind) zugeführt. Die beiden letzten Arten der Zufuhr haben den Vorteil, daß sie von den Temperaturschwankungen der Abgase unabhängig sind. Bei den Brennstoffen, die einen hohen Gehalt an flüchtigen Bestandteilen besitzen, empfiehlt es sich, die Feuerung so einzurichten, daß ein Teil der Verbrennungsluft nicht durch die Brennstoffschichten, sondern über ihnen in den Feuerungsraum geführt wird. Die unter dem Brennstoff eingeführte Luft (Erstluft) wird in diesem Fall bei gleicher Brennstoffzufuhr vollständig gleichgehalten, während die über dem Brennstoff eintretende Luft (Zweitluft) bei den Planrosten entsprechend dem größeren Luftverbrauch während der Entgasungsperiode erhöht wird.

Wird die Rostfeuerung derart ausgebildet, daß im Brennstoffbett durch die Erstluft nur der Brennstoff vergast wird, und wird das erzeugte Gaserzeugergas sofort nach dem Austritt aus der Brennstoffschicht durch Zweitluft verbrannt, ist also der Gaserzeuger ein Teil des Feuerungsraumes, so bezeichnet man diese Art der Feuerung als **Halbgasfeuerung**. Sie wird heute bei Vorwärmöfen sehr viel angewendet, da sie die Verwendung vorgewärmter Luft gestattet, die bei den normalen Rostfeuerungen zu Schwierigkeiten wegen der Haltbarkeit der Roste Veranlassung gibt.

Eine andere Art der Verbrennung der festen Brennstoffe ist die **Kohlenstaubfeuerung**. Zu ihrer Durchführung müssen die festen Brennstoffe zu feinstem Pulver vermahlen werden. Haben die Steinkohlen einen höheren Feuchtigkeitsgehalt als 5 %, und die Braunkohlen einen höheren als 18 %, so muß ihrer Vermahlung eine Trocknung vorausgehen. Die Kohlenstaubfeuerung weist die Vorzüge der Gas- und Ölfeuerung auf: Gute Mischung, vollständige Verbrennung mit geringstem Luftüberschuß (Luftfaktor $\geq 0{,}8$, Luftüberschuß $\leq 1{,}25$), rasche Anpassung an die Belastungsschwankungen, leichte Wartung, wenig Bedienung, kein

Verbrennung. 51

Aufenthalt durch Roste, wenig Unverbranntes. Sie ermöglicht die Verbrennung von Kohlen mit einem Aschengehalt bis zu 60%. Der Wirkungsgrad der Kohlenstaubfeuerung ist bedeutend günstiger als der der Rostfeuerung, er ist auch bei starken Belastungsschwankungen hoch. Auch bei ihr geht die Verbrennung der festen Brennstoffe über ihre Entgasung und Vergasung vor sich.

Zahlentafel 21 gibt eine Übersicht über die Verbrennungsvorrichtungen fester Brennstoffe.

**3. Berechnung der Luft- und Abgasmenge.** Für die einwandfreie Anlage einer Feuerung sowie die richtige Einstellung der Verbrennung ist es notwendig, daß die Luftmenge, die zur Verbrennung des Brennstoffes gebraucht wird, sowie die Menge der dabei entstehenden Abgase bekannt ist. Beide Werte sind auch für die Errechnung des pyrometrischen Effektes (theoretische Flammentemperatur) notwendig. Sie werden aus der chemischen Zusammensetzung des Brennstoffes auf Grund der Gewichts- oder Volumverhältnisse der Verbrennungsgleichungen seiner Bestandteile (Zahlentafel 20) nach den in der Zahlentafel 22 wiedergegebenen Formeln berechnet. Zahlentafel 23 gibt die Luft- und Abgasmengen für die wichtigsten der festen, flüssigen und gasförmigen Brennstoffe bei verschiedenen Luftmengen wieder.

Zahlentafel 23. Verbrennungswerte für feste, flüssige und gasförmige Brennstoffe.

| Zusammensetzung siehe Zahlentafel | Brennstoff | Luftbedarf bei Überschuß von | | Nasses Abgas bei 0% Luftüberschuß | | | | Nasses Abgas bei 25/50% Luftüberschuß | | | | kcal je m³ Abgas bei Luftüberschuß von | | | | Theoret. Flammentemperatur in ° bei Luftüberschuß von | | | | | |
|---|---|---|---|---|---|---|---|---|---|---|---|---|---|---|---|---|---|---|---|---|
| | | 0% | 25/50%[1] | m³ | CO₂ % | H₂O % | | m³ | CO₂ % | H₂O % | | 0% | 25/50% und Vorwärmung von | | | 0% und Vorwärmung von | | | 25/50% und Vorwärmung von | |
| | | % | % | | | | | | | | | 0° | 0° | 400° | 1000°[2] | 0° | 400° | 1000°[2] | 0° | 400° | 1000°[2] |
| 5/Nr. 1 | Fichtenholz | 3,75 | 5,63 | 4,52 | 16,3 | 18,6 | | 6,40 | 11,5 | 13,1 | | 774 | 545 | 660 | 844 | 1946 | 1430 | 1700 | 2160 |
| 5/Nr. 4 | Alter Torf | 4,19 | 6,28 | 4,87 | 15,7 | 16,4 | | 6,96 | 10,9 | 11,4 | | 795 | 540 | 657 | 840 | 1940 | 1430 | 1680 | 2140 |
| 5/Nr. 5 | Lignit | 3,48 | 5,22 | 4,19 | 16,0 | 18,0 | | 5,93 | 11,3 | 12,9 | | 786 | 574 | 670 | 850 | 1920 | 1440 | 1730 | 2140 |
| 5/Nr. 6 | Mulmige Braunkohle | 2,89 | 4,34 | 3,59 | 15,6 | 20,8 | | 5,04 | 11,1 | 14,8 | | 750 | 585 | 646 | 830 | 1815 | 1400 | 1655 | 2060 |
| 5/Nr. 7 | Gemeine Braunkohle | 5,24 | 7,86 | 5,86 | 16,6 | 12,5 | | 8,48 | 11,5 | 8,7 | | 796 | 553 | 670 | 860 | 1965 | 1454 | 1740 | 2190 |
| 5/Nr. 10 | Trockene Steinkohle | 7,42 | 11,13 | 7,75 | 17,7 | 6,7 | | 11,46 | 11,9 | 4,5 | | 890 | 600 | 720 | 915 | 2200 | 1596 | 1890 | 2345 |
| 5/Nr. 13 | Kokskohle | 8,04 | 12,06 | 8,32 | 18,0 | 5,6 | | 12,34 | 12,1 | 3,9 | | 901 | 624 | 733 | 933 | 2240 | 1613 | 1915 | 2398 |
| 13 | Rohöl, galizisches | 10,35 | 12,94 | 11,06 | 13,9 | 12,1 | | 13,65 | 11,3 | 9,8 | | 986 | 790 | 914 | 1111 | 2430 | 2045 | 2330 | 2700 |
| 16 | Steinkohlenteer (Koksofen) | 9,23 | 11,54 | 9,66 | 16,7 | 7,9 | | 11,97 | 13,4 | 6,3 | | 886 | 717 | 840 | 953 | 2210 | 1860 | 2170 | 2440 |
| 17 | Hochofengas, trocken | 0,76 | 0,95 | 1,60 | 22,5 | 2,5 | | 1,79 | 20,0 | 2,2 | | 594 | 527 | 595 | 903 | 1500 | 1380 | 1530 | 2260 |
| 17 | Steinkohlenmischgas I (30 g H₂O je m³) | 1,27 | 1,58 | 2,10 | 16,4 | 10,5 | | 2,42 | 14,2 | 9,9 | | 690 | 599 | 681 | 959 | 1730 | 1545 | 1734 | 2372 |
| 17 | Koksofengas, trocken | 4,75 | 5,94 | 5,46 | 8,8 | 21,4 | | 6,65 | 7,1 | 17,4 | | 879 | 720 | 853 | 1020 | 2175 | 1866 | 2170 | 2560 |
| 17 | Wassergas (30 g H₂O je m³) | 2,21 | 2,76 | 2,80 | 17,1 | 19,3 | | 3,35 | 14,3 | 16,1 | | 928 | 776 | 880 | 1152 | 2219 | 1914 | 2157 | 2769 |

[1] Der Überschuß von 25%, der theoretischen Luftmenge ist für flüssige und gasförmige, der von 50% für feste Brennstoffe angenommen.
[2] Die Vorwärmung von 1000° bezieht sich bei den gasförmigen Brennstoffen, mit Ausnahme des Koksofengases, auch auf das Gas.

Zahlentafel 24. Berechnung der theoretischen Flammentemperatur.

Allgemein:
$$t = \frac{\text{durch Verbrennung frei gewordene} + \text{zugeführte Wärme}}{\text{Abgas} \times \text{mittlere spezifische Wärme des Abgases}}$$

bei vollkommener Verbrennung:
feste und flüssige Brennstoffe:
$$t = \frac{\overbrace{Hu + Lw \cdot c_{pmL} \cdot t_1}^{Q}}{A \cdot c_{pmL} + B \cdot c_{pmCO_2} + C \cdot c_{pmH_2O}}$$

gasförmiger Brennstoff:
$$t = \frac{\overbrace{Hu + Lw \cdot c_{pmL} \cdot t_1 + c_{pmg} \cdot t_2}^{Q}}{A \cdot c_{pmL} + B \cdot c_{pmCO_2} + C \cdot c_{pmHO_2}}$$

$Lw$ = angewandte Luftmenge für 1 kg oder 1 m³ Brennstoffe
$t_1$ = Temperatur der Verbrennungsluft ⎫ bei Eintritt in
$t_2$ = Temperatur des Gases ⎭ den Feuerungsraum
$A$ = Stickstoff und Sauerstoff je 1 kg oder 1 m³ Brennstoff in m³
$B$ = Kohlensäure je 1 kg oder 1 m³ Brennstoff in m³
$C$ = Wasserdampf je 1 kg oder 1 m³ Brennstoff in m³

$Lw$, $A$, $B$ und $C$ werden für den festen, flüssigen und gasförmigen Brennstoff nach Zahlentafel 22 für den jeweils in Betracht kommenden Luftfaktor berechnet. $c_{pmL}$, $c_{pmCO_2}$, $c_{pmH_2O}$ sind die mittleren spezifischen Wärmen von Luft, CO$_2$ bzw. H$_2$O, $c_{pm}$ ist die mittlere spezifische Wärme des Gases für die jeweils in Betracht kommende Temperatur. $c_{pmg}$ wird auf Grund der Zusammensetzung des Gases wie folgt berechnet:

Zusammensetzung des Gases.

| Gasart | Volum-Prozente ||||||||
|---|---|---|---|---|---|---|---|---|
| | zweiatomige Gase ||| CO$_2$ | H$_2$O | CH$_4$ | C$_2$H$_4$ | C$_2$H$_2$ |
| | CO | H$_2$ | O$_2$ | N$_2$ | | | | | |
| Brenngas | $p_1$ | $h_1$ | $q_1$ | $n_1$ | $k_1$ | $w_1$ | $v_1$ | $r_1$ | $s_1$ |

$c_{pmg} = (p_1 + h_1 + q_1 + n_1) c_{pmL} + k_1 c_{pmCO_2} + w_1 \cdot c_{pmH_2O} + v_1 c_{pmCH_4} + r_1 c_{pmC_2H_4} + s_1 \cdot c_{pmO_2H_2}$

die mittlere spezifische Wärme jedes Gases für jede beliebige Temperatur $c_{pm} = a_1 + \frac{a_2 \cdot t}{1000}$ kcal/m³
die Werte für $a_1$ und $a_2$, die sich mit der Temperatur ändern, sind die folgenden:
(Werte sind der Mitt. Nr. 60 der Wärmestelle des Vereines der Deutschen Eisenhüttenleute entnommen.)

| Temperatur | zweiatomige Gase || CO$_2$ || H$_2$O || CH$_4$ || C$_2$H$_4$ ||
|---|---|---|---|---|---|---|---|---|---|---|
| | $a_1$ | $a_2$ | $a_1$ | $a_2$ | $a_1$ | $a_2$ | $a_1$ | $a_2$ | $a_1$ | $a_2$ |
| bis 1000° | 0,312 | 0,02 | 0,405 | 0,110 | 0,375 | 0,020 | 0,343 | 0,357 | 0,420 | 0,491 |
| 1000—2000° | | | 0,437 | 0,040 | 0,325 | 0,070 | — | — | — | — |
| 2000—3000° | | | 0,495 | 0,030 | 0,265 | 0,100 | — | — | — | — |

Werden die Werte von $a_1$ und $a_2$ in die Gleichung für $t$ eingesetzt, so ergibt sich für $t$ eine quadratische Gleichung. Um die quadratische Gleichung in eine einfache umzuwandeln, wird von der Wärmestelle des Vereines Deutscher Eisenhüttenleute[1]) vorgeschlagen, in den Nenner des Ausdruckes für $t$ an Stelle des Wertes $c_{pm} = a_1 + \frac{a_2 t}{1000}$ den Ausdruck $c_{pm} = a - \frac{b}{t}$ kcal/m³ einzuführen. $a$ und $b$ haben für die verschiedenen Gase die folgenden Werte:

| Temperaturbereich | Stickstoff und Sauerstoff || Kohlensäure || Wasserdampf ||
|---|---|---|---|---|---|---|
| | $a$ | $b$ | $a$ | $b$ | $a$ | $b$ |
| 800—1800° | 0,364 | 32,0 | 0,591 | 80 | 0,477 | 75 |
| 1700—2800° | 0,400 | 93,5 | 0,621 | 128 | 0,695 | 448 |
| 1100—2500° | 0,378 | 50,4 | 0,607 | 103 | 0,565 | 190 |

Werden diese Werte in den Nenner der Formel für $t$ eingesetzt, so ergeben sich hierfür die folgenden Ausdrücke:

1. $\displaystyle t = \frac{Hu + Q + 32 A + 80 B + 75 C}{0{,}364 A + 0{,}591 B + 0{,}477 C}$ (800÷1800°)

2. $\displaystyle t = \frac{Hu + Q + 93{,}5 A + 128 B + 448 \cdot C}{0{,}400 A + 0{,}621 B + 0{,}695 \cdot C}$ (1700÷2800°)

3. $\displaystyle t = \frac{Hu + Q + 50{,}4 \cdot A + 103 B + 190 \cdot C}{0{,}378 A + 0{,}607 B + 0{,}565 C}$ (1100—2500°)

Je nach der zu erwartenden Temperatur wird Gleichung 1, 2 oder 3 herangezogen.

---
[1]) In der Mitteilung Nr. 87.

## 4. Berechnung der theoretischen Verbrennungstemperatur. (Pyrometrischer Effekt.)

Die theoretische Verbrennungstemperatur ohne Dissoziation der Verbrennungsprodukte stellt die Temperatur vor, die erreicht werden würde, wenn bei der Verbrennung keine Dissoziation der Verbrennungsprodukte eintreten würde. Tatsächlich beginnt aber die Kohlensäure und der Wasserdampf bei den Temperaturen über 1700° zu dissoziieren. Sie ergibt daher nur bezüglich der Verbrennungstemperatur jener Brennstoffe ein richtiges Bild, deren theoretische Verbrennungstemperatur ohne Dissoziation diese Grenze nicht übersteigt. Um die wahre Verbrennungstemperatur zu erhalten, müssen die Dissoziationsvorgänge berücksichtigt werden. Die Formeln, die hierfür in Betracht kommen, sind von der Wärmestelle des Vereins Deutscher Eisenhüttenleute festgelegt und in der Mitteilung 79 veröffentlicht worden. Die Berechnung der wahren Verbrennungstemperatur ist nicht einfach; leichter ist die Berechnung der theoretischen Verbrennungstemperatur ohne Dissoziation durchzuführen. Da ihre Feststellung genügt, um in den meisten Fällen ein Bild über die Verwendungsmöglichkeit des Brennstoffes für den gedachten Zweck zu erhalten, so wird in der Regel nur ihre Berechnung, die nach der Zahlentafel 24 durchgeführt wird, vorgenommen. In Zahlentafel 23 sind die theoretischen Verbrennungstemperaturen ohne Dissoziation für die wichtigsten festen, flüssigen und gasförmigen Brennstoffe unter verschiedenen Verbrennungsverhältnissen wiedergegeben. In dieser Zahlentafel ist auch gleichzeitig angeführt, welche Wärmemengen je Kubikmeter Abgas jeweilig zur Verfügung stehen. Vergleicht man die theoretischen Verbrennungstemperaturen ohne Dissoziation mit diesen Werten, so zeigt es sich, daß bei der gleichen Art des Brennstoffes (fest, flüssig oder gasförmig) schon aus der Zahl der kcal die je Kubikmeter Abgas zur Verfügung stehen, ein Schluß auf die theoretische Verbrennungstemperatur gezogen werden kann.

**5. Wirkungsgrad.** Unter dem Wirkungsgrad einer Feuerungsstelle versteht man das Verhältnis der nutzbar verwerteten zu den tatsächlich aufgewandten Wärmeeinheiten.

$$N = \frac{\text{kcal nutzbar verwertete Wärme}}{\text{kcal eingeführte Wärme}} = \frac{\text{kcal}(n)}{\text{kcal}(e)}$$

Ist die Verbrennungsluft vorgewärmt oder ist, falls es sich um einen gasförmigen Brennstoff handelt, auch das Brenngas vorgewärmt, so muß selbstverständlich die freie Wärme dieser beiden Körper bei der eingebrachten Wärme mit in Rechnung gestellt werden. Gehen in dem Werkstoff, der vorgewärmt wird, chemische Veränderungen vor sich, die mit einer Wärmeentwicklung verbunden sind, so muß auch diese Wärme der eingebrachten Wärme zugezählt werden. Beispiel hierfür sind die Verzunderung des Eisens bei der Vorwärmung der Walz- und Schmiedewaren in Vorwärmöfen, weiter die durch die Verbrennung der Eisenbegleiter in Stahlschmelzprozessen entwickelte Wärme.

Der Nutzeffekt wird um so größer sein, je geringer die Verluste sind. Die Verluste, die sich bei der Verbrennung ergeben, sind folgende: 1. Verlust durch freie, fühlbare Wärme der Abgase, 2. Verluste durch unverbranntes Gas, 3. Verluste durch unverbrannte Teile in der Asche, durch Flugstaub, Flugkoks und Ruß, 4. Verluste durch Strahlung und Leitung.

Die Verluste durch die freie Wärme der Abgase sind durch ihre Menge und ihre Temperatur bestimmt. Beide hängen von dem Luftüberschuß, mit dem die Verbrennung erfolgt ist, ab. Die Menge der Abgase wird um so kleiner, und ihre Temperatur um so geringer sein, je geringer der Luftüberschuß war. Der Zusammenhang zwischen Luftüberschuß und Menge ist ohne weiteres klar; sein Einfluß auf die Temperatur ergibt sich folgendermaßen: Die Temperatur der Abgase wird um so niedriger sein, je größer die Wärmemenge ist, die von der Heizfläche aufgenommen wird. Der Wärmeübergang erfolgt durch Leitung (Leitung in demselben Werkstoff), Konvektion (Leitung zwischen zwei Werkstoffen) und Strahlung. Den weitaus größten Anteil daran hat die Strahlung, und zwar die Wärmestrahlung des heißen Mauerwerkes des Feuerungsraumes gegen die Heizflächen und die Wärmestrahlung der Verbrennungsgase gegen beide. Die Wärme, die durch Leitung und Konvektion übertragen wird, ist dem Temperaturgefälle direkt proportional. Die durch Strahlung übergehende Wärme ist aber der Differenz der vierten Potenzen der absoluten Temperaturen des strahlenden Körpers und der Heizflächen proportional. Der Wärmeübergang wird daher von der Temperatur der Verbrennungsgase sehr stark abhängen. Er wird unter sonst gleichbleibenden Verhältnissen um so größer sein, je größer das Temperaturgefälle, d. h. der Unterschied zwischen Flammen- oder Verbrennungstemperatur und Heizfläche ist. Großer Luftüberschuß bedingt eine niedrige Verbrennungstemperatur. Er wird also einen geringeren Wärmeübergang zur Folge haben, so daß die Abgase trotz der niedrigeren Verbrennungstemperatur den Feuerungsraum heißer verlassen können als

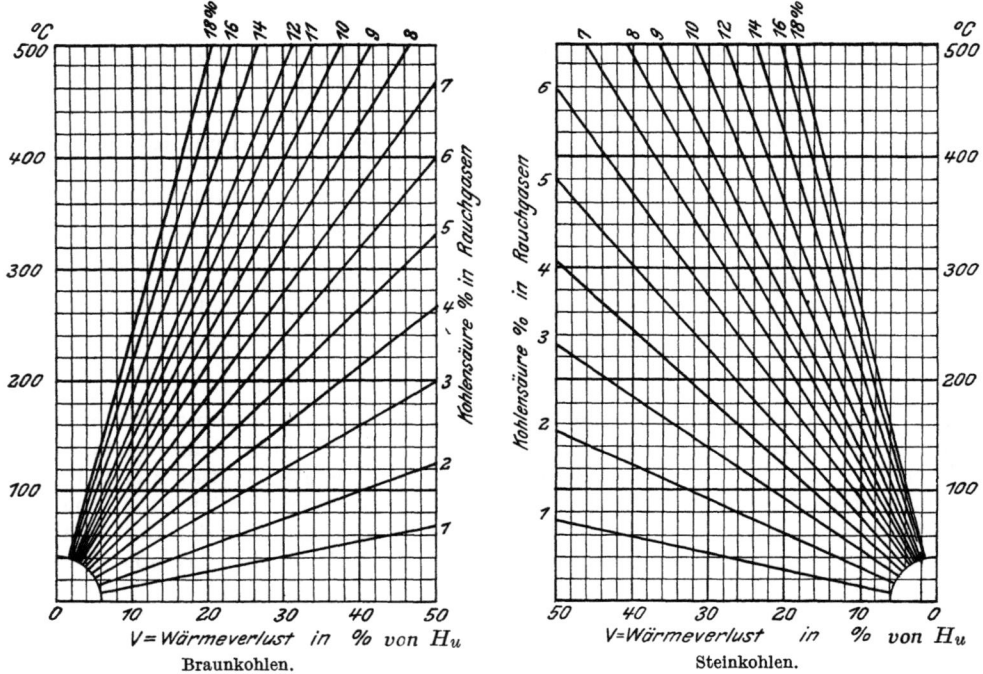

Fig. 9. Wärmeverluste durch die freie Wärme der Abgase.

bei geringerem Luftüberschuß. Der Einfluß der Temperatur der Abgase und des Luftüberschusses auf den Verlust durch die freie Wärme der Abgase geht aus Fig. 9 hervor, die den Verlust an fühlbarer Wärme der Abgase in Prozenten bei verschiedenen Kohlensäuregehalten (Luftüberschuß) und verschiedener Abgastemperaturen für Braun- und Steinkohlen wiedergibt. Bei Öfen mit hohen Abgastemperaturen kann der aus dieser Quelle sich ergebende Verlust bis zu 50 % der aufgewandten Wärmemenge ausmachen. Er kann dadurch verringert werden, daß man diese Wärme soweit als möglich dem Kreisprozesse zuführt. Davon wird weitgehendst Gebrauch gemacht, wie beispielsweise: Überhitzung des Wasserdampfes, Vorwärmung des Speisewassers, Vorwärmung der Verbrennungsluft bei der Dampferzeugung. Vorwärmung der Verbrennungsluft und des Gases bei der Regenerativfeuerung, Vorwärmung der Luft bei der Rekuperativfeuerung. Bei Kesselfeuerungen, die die freie Wärme der Abgase auf das weitgehendste durch die angeführten Vorkehrungen dem Kreisprozeß zuführen, wird diese Art des Verlustes höchstens 15 % der aufgewandten Energie betragen. Ist die Ausnutzung der Abhitze für den Kreisprozeß selbst nicht möglich, so wird sie, falls es wirtschaftlich ist, zu anderen Zwecken verwendet: Abhitzekessel bei Schmelz- und Vorwärmöfen und bei Explosions- und Gasmaschinen.

Die Verluste durch unverbranntes Gas (unvollkommene Verbrennung) sind unersetzlich. Ihre Ursache kann einerseits in Luftmangel liegen, anderseits können unverbrannte Gase auch bei Luftüberschuß in den Abgasen auftreten, wenn die Verbrennungsgase vor der vollkommenen Verbrennung der brennbaren Bestandteile unter ihre Zündtemperatur abgekühlt werden. Um diese Verluste zu vermeiden, muß also 1. für einen genügenden Luftüberschuß gesorgt werden, muß 2. die Luft auf das innigste mit den Verbrennungsgasen gemischt werden, so daß die brennbaren Bestandteile rasch verbrennen. Bei richtig ausgeführten Feuerungen soll dieser Verlust vollständig fehlen.

Die Verluste durch unvollständige Verbrennung entstehen einerseits durch Unverbranntes in der Asche, anderseits durch Flugstaub, Flugkoks und Ruß. Diese Verluste sind von der Bauart des Rostes, dem Brennstoff und dem Druckverhältnis in der Feuerung abhängig. Bei guter Bedienung und Verwendung einer der Feuerung angepaßten Kohlenart wird der Verlust an Unverbranntem in der Asche $2 \div 3\,^0/_0$ nicht übersteigen. Der sich aus dem Flugstaub oder Flugkoks ergebende Verlust erreicht im äußersten Fall die Höhe von $2\,^0/_0$.

Der Verlust durch Strahlung und Leitung entsteht durch die Wärmeausstrahlung und -leitung des Mauerwerks der Feuerungsstelle in den freien Raum. Er läßt sich sehr schwer genau bestimmen und wird in der Regel als Restglied berechnet. Er ist abhängig von der Größe der Oberfläche, von der Wandstärke des Mauerwerks, seiner Wärmeleitfähigkeit, der Arbeitstemperatur und der Belastung und Beanspruchung der Feuerung. Je größer diese ist, um so geringer wird der Verlust an Leitung und Strahlung sein. Sie wird durch Isolation und zweckentsprechende Anordnung der Feuerung und gute Ausführung des Feuerungsraumes verringert. Die Größe dieses Restgliedes schwankt bei den verschiedenen Feuerungen sehr stark, bei Kesseln mit Innenfeuerung wird es bis auf $2{,}5\,^0/_0$ fallen, bei solchen mit vorgebautem Feuerungsraum kann es bis auf $10\,^0/_0$ und bei Schmelz- und Vorwärmöfen kann es sogar bis auf $30\,^0/_0$ steigen.

Der Wirkungsgrad einer Feuerungsstelle wird also einerseits durch ihre Bauart, anderseits durch die Betriebsführung beeinflußt. Die Betriebsführung wird auf die Einhaltung bestimmter Bedingungen im Brennstoffbett zu achten haben. Bezüglich der verschiedenen Arten der festen Brennstoffe kann das Folgende gesagt werden: Hochwertige, gasarme Brennstoffe sollen mit großer Oberfläche verfeuert werden, und zwar Anthrazit mit kleiner Körnung und mittlerer Schicht, Koks mit grober Körnung und hoher Schicht. Bei ihrer Verbrennung wird der günstigste Wirkungsgrad bei mittlerer Belastung der Feuerung erreicht. Hochwertige gasreiche Brennstoffe sind in mäßiger Schichthöhe zu verfeuern; ununterbrochene Beschickung ist zur Vermeidung unvollständiger Verbrennung notwendig. Sie ergeben den günstigsten Wirkungsgrad bei mittlerer Belastung. Minderwertige Brennstoffe erfordern zur Aufrechterhaltung günstiger Verbrennungstemperaturen kräftige Beanspruchung und wärmedichten Feuerungsraum. Ist der Brennstoff gasarm, so wird große Oberfläche, also weitgehende Zerkleinerung von Vorteil sein. Der günstigste Wirkungsgrad wird bei ihrer Verwendung bei höchster Belastung der Feuerung erhalten. Zahlentafel 25 gibt die zulässige Belastung der Rostfeuerung von Dampfkesseln bei Verbrennung der verschiedenen Brennstoffe wieder. Bei Kohlenstaubfeuerung soll die Belastung je Kubikmeter Verbrennungsraum 300000 kcal nicht übersteigen.

Zahlentafel 25. Rostbelastung (Dampfkessel).

| Brennstoff | Gewicht eines m³ kg | unterer Heizwert kcal/kg | bei einem Wirkungsgrad von 70% verdampft 1 kg Brennstoff kg $H_2O$ | kg je m² Rostfläche und Stunde | kcal je m³ Verbrennungsraum und Stunde | Schichthöhe |
|---|---|---|---|---|---|---|
| Koks | 400÷550 | 6000÷7000 | 6,6÷7,7 | 90÷100 | 580÷660 000 | — |
| Hochwertige Steinkohle | 700÷900 | 7500 | 8,2 | 80÷125 | 750 000 | etwa 10 cm |
| Mittlere Steinkohle | 700÷900 | 6000 | 6,7 | 100÷110 | 630 000 | etwa 10 cm |
| Minderwertige Steinkohle | 700÷950 | 4500 | 4,9 | 100÷120 | 500 000 | — |
| Hochwertige Braunkohle | 600÷700 | 4000÷5000 | 4,4÷5,5 | 140÷180 | 700 000 | etwa 30 cm |
| Minderwertige Braunkohle | 550÷650 | 2000÷3000 | 2÷3 | 200÷300 | 450 000 | etwa 30 cm |
| Torf, trocken | 300÷500 | 3000÷4000 | 3,3÷4,4 | 150÷200 | 500 000 | etwa 30 cm |
| Holz | 300÷400 | 2500÷3000 | — | 150÷200 | 450 000 | — |

## C. Betriebsüberwachung.

Der Wirkungsgrad einer Feuerungsstelle wird dann am günstigsten sein, wenn sie dauernd überwacht wird. Die Überwachung geschieht am besten dadurch, daß der Wirkungsgrad und die Verluste an fühlbarer Wärme der Abgase, an unverbranntem Gas und Unverbranntem in den Rückständen dauernd bestimmt wird. Zur Durchführung dieser Art der Überwachung ist 1. eine ständige Aufzeichnung der Menge des verbrauchten Brennstoffes nötig, 2. muß eine genaue Durchschnittsprobe des Brennstoffes zur Ermittlung des Heizwertes und einer Durchschnittselementaranalyse genommen werden, 3. muß, falls der Verbrennungsluft Dampf zugesetzt wird, dessen Menge und Durchschnittstemperatur festgelegt werden, 4. muß, falls der Brennstoff gasförmig ist und er die Feuerungsstelle im vorgewärmten Zustande betritt, seine Durchschnittstemperatur ermittelt werden, 5. muß die Durchschnittstemperatur der Abgase und ihre Durchschnittszusammensetzung bestimmt werden, 6. ist den Rückständen eine Durchschnittsprobe zu entnehmen, die auf ihren Kohlenstoffgehalt untersucht wird; weiter ist die Menge des in der Feuerungsstelle ausgeschiedenen Flugstaubes und Flugkokses und ihr Kohlenstoffgehalt festzustellen, 7. muß die Menge des Heizgutes und seine Durchschnittstemperatur bestimmt werden. Zahlentafel 26 gibt an, in welcher Weise diese Proben und ihre Zusammensetzung und Temperatur zur Bestimmung des Wirkungsgrades und der Verluste benützt werden. Der nach Zahlentafel 26 berechnete Wirkungsgrad entspricht in jenen Fällen in denen im Heizgut Reaktionen vor sich gehen, die mit einer Wärmeentwicklung verbunden sind, nicht dem tatsächlichen Wirkungsgrad, da diese Wärmemengen bei der eingebrachten Wärme mit in Rechnung gestellt werden müßten. Da eine dauernde Bestimmung der Reaktionswärme jedoch mit großen Schwierigkeiten verbunden ist, so wird sie bei der dauernden Überwachung des Wirkungsgrades nicht durchgeführt. Für die Überwachung der Feuerung ist dies weiter nicht von Nachteil.

## D. Entgasung.

**1. Allgemeines.** Die natürlichen festen Brennstoffe werden durch Erhitzung unter Luftabschluß (trockene Destillation) entgast. Es wird dabei ähnlich wie bei den Umwandlungsvorgängen in den Brennstofflagern je nach der Temperatur und der Dauer der Erhitzung der Sauerstoff und der Wasserstoff teilweise oder

Entgasung. 57

Zahlentafel 26. Wirkungsgrad und Verluste (Feuerungen).

Durchzuführende Bestimmungen:

1. **Brennstoff:**
   a) Verbrauch in kg (fester oder flüssiger Brennstoff) oder m³ (gasförmiger Brennstoff:) $Q_1$
   b) Durchschnittsanalyse:
      feste oder flüssige Brennstoffe: 1 kg enthält kg: $C = c_1$, $H_2 = h_1$, $O_2 = q_1$, $N_2 = n_1$, $S = s_1$, $H_2O = w_1$, Asche $= a_1$, unterer Heizwert $= H_{u1}$,
      gasförmige Brennstoffe: 1 m³ enthält m³: $CO_2 = k_1$, $CO = p_1$, $H_2 = h_1$, $O_2 = q_1$, $N_2 = n_1$, $H_2O = w_1$, $CH_4 = v_1$, $C_2H_4 = r_1$, $C_2H_2 = s_1$, unterer Heizwert $= H_{u1}$. 1 m³ enthält kg: Teer und Ruß $= c_1'$ kg C.
   c) Gesamtkohlenstoff der festen und flüssigen Brennstoffe: $C_1 = Q_1 \cdot c_1$.
      Gesamtkohlenstoff der gasförmigen Brennstoffe: $C_1 = [(h_1 + p_1 + v_1 + 2\,r_1 + 2\,s_1) \cdot 0{,}536 + c_1'] \cdot Q_1$.
   d) Durchschnittstemperatur des gasförmigen Brennstoffes: $t_1$.
   e) Mittlere spezifische Wärme des Gases $= c_{pmg1}$ (s. Zahlentafel 24).

2. **Verbrennungsluft:**
   a) Menge in m³: $L = \dfrac{Q_4 \cdot n_4 - Q_1\, n_1 \cdot 0{,}8}{79}$ m³.
   b) Durchschnittstemperatur: $t_1$.
   c) Luftüberschuß: $m = \dfrac{L}{A_1 \cdot L_{h3}}$.

3. **Verbrennungsdampf:**
   a) Menge in kg: $Q_2$.
   b) Durchschnittstemperatur: $t_2$.
   c) Mittlere spezifische Wärme: $c_{pmH2O}$.

4. **Heizgut:**
   a) Menge in kg: $Q_3$.
   b) Durchschnittstemperatur: $t_3$.
   c) Mittlere spezifische Wärme: $c_{pm3}$.

5. **Abgase naß:**
   a) Menge in m³: $Q_4 = \dfrac{C_1 - (C_5 + C_6)}{c_4}$ m³.
   b) Durchschnittliche Analyse: 1 m³ enthält m³: $CO_2 = k_4$, $CO = p_4$, $H_2 = h_4$, $O_2 = q_4$; $N_2 = n_4$, $H_2O = w_4$, Ruß $= c_4$ kg. 1 m³ enthält kg $C = c_4 = [(k_4 + p_4) \cdot 0{,}536 + c_4']$ kg.
   c) Mittlere spezifische Wärme: $c_{pmg4} = k_4\, c_{pm\,CO_2} + (p_4 + h_4 + q_4 + n_4)\, c_{pm\,L} + w_4 \cdot c_{pmH2O}$.
   d) Durchschnittstemperatur: $t_4$.

6. **Flugkoks:**
   a) Menge in kg: $Q_5$.
   b) 1 kg enthält kg C: $c_5$.
   c) Gesamtmenge des C des Flugkokses $C_5 = Q_5 \cdot c_5$.

7. **Kohlenstoff in der Asche:** $C_6 = \dfrac{Q_1 \cdot a_1 \cdot c_6}{(1 - c_6)}$. 1 kg trockene Rückstände enthält C: $c_6$.

Wirkungsgrad: $N = \dfrac{Q_3 \cdot t_3 \cdot c_{pm3}}{\underbrace{Q_1 \cdot H_{u1} + L \cdot c_{pmL} \cdot t_1 + Q_2 \cdot c_{pmH2O} \cdot t_2 + Q_1 \cdot c_{pmg1} \cdot t_1}_{\text{kcal } (e)}} \cdot 100\,\%$.

Verlust durch freie Wärme der Abgase: $V_1 = \dfrac{Q_4 \cdot c_{pmg4} \cdot t_4}{\text{kcal }(e)} \cdot 100\,\%$.

Verlust durch unverbranntes Gas:
$$V_2 = \dfrac{Q_4 \cdot (p_4 \cdot 3050 + h_2\, 2560 + c_4 \cdot 8130)}{\text{kcal }(e)} \cdot 100\,\%$$

Verlust durch Unverbranntes im Rückstand: $V_3 = \dfrac{(C_5 + C_6)\, 8130}{\text{kcal }(e)} \cdot 100\,\%$.

Verlust durch Strahlung und Leitung: $V_4 = 100 - (N + V_1 + V_2 + V_3)\,\%$.

zur Gänze und der Stickstoff, Schwefel und Kohlenstoff teilweise abgespalten. Der feste Rückstand ist also sauerstoff- und wasserstoffärmer, dafür aber kohlenstoff- und aschenreicher als der Ausgangsbrennstoff. Die einzelnen Bestandteile des Brennstoffes verhalten sich bei der trockenen Destillation wie folgt: Die Feuchtigkeit des Brennstoffes wird innerhalb der Temperaturen von $100 \div 250^0$ verdampft. Die höheren Temperaturen kommen nur bei den Brennstoffen in Frage, deren Asche Gips oder wasserhaltige Silikate enthält. Der Sauerstoff wird von $150^0$ an teilweise mit einem Teil des Wasserstoffes als Bildungswasser abgespalten, teilweise entweicht er in Form von $CO_2$ und CO. Das Verhältnis beider zueinander hängt von der Temperatur und dem Sauerstoffgehalt des Brennstoffes ab. Je sauerstoffreicher derselbe ist und je niedriger Temperatur der trockenen Destillation, desto größer wird der Anteil des Sauerstoffes sein, der in Form von $CO_2$ entweicht. Der Wasserstoff entweicht ab $150^0$ mit einem Teil des Sauerstoffes als Bildungswasser. Bei der Temperatur von $300 \div 350^0$ setzt die Entstehung von Teernebeln, Methan und anderen Kohlenwasserstoffen ein; gleichzeitig wird ein Teil des $H_2$ auch elementar abgespalten. Das Verhältnis des Methangehalts zu dem Wasserstoffgehalt nimmt mit steigender Temperatur ab. Wird die trockene Destillation bei hohen Temperaturen (über $1000^0$) durchgeführt, so ist die Entfernung des $H_2$ und $O_2$ nahezu vollkommen, d. h. der Rückstand ist nahezu wasserstoff- und sauerstofffrei. Der Kohlenstoff beginnt bei $150^0$ teilweise in Form von $CO_2$ und CO zu entweichen; über $280^0$ verflüchtigt sich ein Teil in Form von Kohlenwasserstoffen und Teernebeln. Die Bildung der Teernebel ist bei ungefähr $450^0$ beendet. Die Menge des vergasten Kohlenstoffes steigt mit dem $O_2$ und $H_2$ des Brennstoffes, sie hängt aber auch von der Temperatur und der Dauer der Entgasung ab. Der $N_2$ beginnt bei der Temperatur von $350^0$, teils elementar, teils in Form von Ammoniak, Zyanverbindungen und Teerbasen zu entweichen. Die Entwicklung des $NH_4$ geht am stärksten bei den Temperaturen um $800^0$ vor sich. Je nach der Natur des Brennstoffes, der Temperatur und Dauer der Erhitzung unter Luftabschluß werden $20 \div 40\%$ des $N_2$ des Brennstoffes in Form von $NH_3$ abgespalten. Der Schwefel entweicht bei der Vergasung teilweise in Form von Schwefelwasserstoff und organischen Schwefelverbindungen, es werden $16 \div 48\%$ des Schwefels in dieser Form abgespalten, während $84 \div 52\%$ im Rückstand, Koks, zurückbleiben. Die Art der Abspaltung des Schwefels und die Menge hängt außer von der Natur des Brennstoffes auch von der Temperatur der trockenen Destillation ab. Die Abspaltung des Schwefels geht vorwiegend bei niedrigen Temperaturen vor sich. Die Asche findet sich in unverändertem Zustand im Koks vor. Die trockene Destillation ist im allgemeinen mit einem Wärmeaufwand verbunden. Bei den jüngeren sauerstoffreichen Brennstoffen kann jedoch, solange der Sauerstoff in Form von $CO_2$ abgespalten wird, so viel Wärme frei werden, daß die bei $300^0$ eingeleitete Destillation ohne weitere Wärmezufuhr fortschreitet.

**2. Zweck der Entgasung und Entgasungsverfahren.** Durch die trockene Destillation werden die natürlichen festen Brennstoffe in gasförmige, flüssige und feste Bestandteile zerlegt. Einer derselben ist jeweils Hauptprodukt, die anderen beiden sind Nebenprodukte. Ihre Zusammensetzung und die Höhe ihrer Ausbeuten, die die Wirtschaftlichkeit der Entgasung bedingen, hängen einerseits von der Art des Brennstoffes, anderseits von der Art der Durchführung der trockenen Destillation (Dauer und Höhe der Erhitzung) ab. Die Entgasung wird entweder wegen des festen Rückstandes oder wegen der gasförmigen oder flüssigen Destillate durchgeführt. Die Gewinnung des festen Rückstandes verfolgt das Ziel, den Brennstoff durch die Entgasung für bestimmte Zwecke verwendbarer zu machen. Es kann

# Entgasung.

**Zahlentafel 27. Übersicht über die Verfahren der trockenen Destillation der natürlichen festen Brennstoffe.**

| Haupt-gruppe | Art der trockenen Destillation | Rohstoff | Zweck | Haupt- oder Nebenerzeugn. | feste Bezeichnung | feste Ausbringen¹) kg je t | feste %/₀ v. Hᵤ | flüssige Bezeichnung | flüssige Ausbringen¹) kg je t | flüssige %/₀ v. Hᵤ | gasförmige Bezeichnung | gasförmige Ausbringen¹) m³ je t | gasförmige %/₀ v. Hᵤ | Temperatur der Destillation °C | Verfahren |
|---|---|---|---|---|---|---|---|---|---|---|---|---|---|---|---|
| Tief-Temperatur-Verkokung | | hauptsächlich lufttrockenes Nadelholz | Erzeugung von Holzkohle | H | Holzkohle | 170÷250 | 32÷46 | — | — | — | — | — | — | >550 | Meiler |
| | | lufttrockenes Holz | Erzeugung von Holzkohle | H | Holzkohle | 300÷340 | 55÷65 | Holzteer Holzessig | 70÷75 18÷40 | 17÷19 3÷6 | Holzschwelgas | 40÷75 | 3,8 | >400 | Retorte |
| | | lufttrockener Torf | Erzeugung von Torfkoks | H | Torfkoks | 250÷300 | 48÷60 | Torfteer Torfessig | 50÷70 5÷7 | }12÷17 | Torfschwelgas | 100 bis 150 | 8÷12 | 500 | Meiler |
| | | | | N | Torfkoks | 300÷350 | 60÷70 | Braunkohlenteer | 80÷300 | 18÷65 | | | | >400 | Retorte |
| | | bitumenreiche Braunkohle | Gewinnung von Braunkohlenteer und Leichtöl | H | Grude | 100÷200 | 15÷30 | Braunkohlenteer | 120÷350 | 25÷70 | Braunkohlenschwelgas | 80÷100 | 8÷10 | <550 | Rolleofen |
| | | minderwertige Braunkohle | Veredelung minderwertig. Brennstoffes | H | Grude | 100÷200 | 15÷30 | Braunkohlenteer Benzin | 25÷80 0,15÷0,5 | 6÷18 | Braunkohlenschwelgas | 80÷100 | 8÷10 | <550 | Drehofen, Doppeldrehofen, Vertikalofen von Mcguin, Drehofen mit Innenheizung nach Nielsen und viele andere |
| | | | | N | Halbkoks | 200÷250 | 60÷75 | | | | | | | | |
| | | bitumenreiche Steinkohle | Erzeugung von Urteer | H | Halbkoks | 650÷750 | 65÷75 | Urteer Benzin | 60÷150 0,4÷0,7 | 8÷20 | Steinkohlenschwelgas | 85÷100 | 8÷9 | <550 | Retorte |
| | | minderwertige Steinkohle (Staubkohle) | Änderung der Stückgröße | H | Halbkoks | 650÷750 | 65÷75 | Urteer Benzin | 60÷150 0,4÷0,7 | 8÷20 | Steinkohlenschwelgas | 85÷100 | 8÷9 | <550 | Retorte |
| | | Ölschiefer | Erzeugung von Ölschieferteer | H | Fester Rückstand wird als Düngemittel verwandt | | | Schieferteer | 80÷130 | ÷65 | Oelschieferschwelgas | dient zur Heizung d. Retorte | | <500 | Retorte |
| Hoch-Temperatur-Verkokung | | Gaskohle | Erzeugung von Leuchtgas | H | Gaskoks | 650÷700 | 65÷70 | Gasteer Benzol Ammoniakw. | 40÷50 5÷10 0,9÷1,8NH₃ | }6÷8 | Leuchtgas | 280 bis 340 | 8÷22 | >550 (1000 bis 1100) | Retorte (wag., senkrecht, schräg), Kammerofen, (schräg, wagrecht) |
| | | | | N | Zechenkoks | 550÷600 | 55÷60 | — | — | — | — | — | — | | Bienenkorb |
| | | Kokskohle | Erzeugung von Zechenkoks | H | Zechenkoks | 700÷800 | 70÷80 | Koksofenteer Benzol Ammoniakw. | 40÷50 10÷14 0,8÷1,8NH₃ | 6÷7 | Koksofengas | ÷300 | ÷20 | >550 (800 bis 1000) | Kammerofen (wagrecht) |

¹) Ohne Berücksichtigung des Aufwandes für die Entgasung.

dies einerseits dadurch geschehen, daß dem Brennstoff die Ballaststoffe entzogen werden, anderseits können seine physikalischen Eigenschaften durch die trockene Destillation verbessert werden. Die gasförmigen Destillate werden hergestellt, um ein Gas von hoher Leucht- und Heizkraft zu gewinnen, das für die Versorgung der Städte mit Leucht- und Heizgas verwendet wird. Die trockene Destillation zur Gewinnung der flüssigen Destillate verfolgt das Ziel, der Kohle vor der Verbrennung die wertvollen flüchtigen und flüssigen Bestandteile zu entziehen.

Nach der Höhe der Temperatur, bei der die trockene Destillation durchgeführt wird, werden die Entgasungsverfahren in zwei Gruppen eingeteilt: a) Verfahren der Tieftemperaturverkokung (trockene Destillation unter $550^0$); b) Verfahren der Hochtemperaturverkokung (trockene Destillation über $550^0$). Zahlentafel 27 gibt einen Überblick über die verschiedenen Verfahren der beiden Gruppen. Die Koks-, Holzkohlen- und Leuchtgaserzeugung muß durchgeführt werden, da die Roheisenerzeugung und die Versorgung der Städte mit Leucht- und Heizgas nur mit ihrer Hilfe möglich ist. Die trockene Destillation zur Gewinnung der flüssigen Destillate (Verschwelung) kommt jedoch nur dann in Frage, wenn durch sie wirtschaftliche Vorteile erzielt werden. Diese können sich aus der Wertsteigerung des festen Rückstandes und dem Wert der flüssigen Destillate und der Destillationsgase ergeben. Die Verschwelung der Schwelbraunkohle ist schon eine alte Industrie. Die trockene Destillation der minderwertigen Braun- und Steinkohlen sowie die der Steinkohle zur Urteergewinnung ist erst seit einigen Jahren in Angriff genommen worden. Sie befinden sich noch im Versuchsstadium.

Bei der Herstellung der Holzkohle ist in erster Linie auf die Einhaltung einer bestimmten Temperatur ($> 370^0$) zu achten. Holzkohle, bei niedrigerer Temperatur hergestellt, ist rötlich gefärbt, weich und für den Holzkohlenhochofenbetrieb nicht geeignet.

Bei der Gewinnung der flüssigen Destillate, Verschwelung der Braun- und Steinkohle, ist darauf zu achten, daß die Schwelgase so rasch wie möglich dem Schwelprozeß entzogen werden, damit nicht durch ihre örtliche Überhitzung eine Zersetzung der wertvollen Leichtöle eintritt. Es muß außerdem darauf gesehen werden, daß der Teer möglichst staubfrei gewonnen wird. Gleichzeitig soll der Halbkoks in stückiger Form fallen, damit er ohne Brikettierung oder Vermahlung zu Kohlenstaub oder Vergasung in Gaserzeugern direkt verbrannt werden kann.

Bei der Leuchtgaserzeugung ist auf eine günstige Ausbeute und einen hohen Heizwert des Leuchtgases zu sehen. Um die Gaskohle möglichst vollkommen zu entgasen, wird bei hoher Temperatur möglichst lange entgast. Bei den Senkrechtöfen, die nicht stetig arbeiten, wird mitunter die Wärme des Kokses zur Wassergaserzeugung ausgenützt, indem nach der Entgasung Wasserdampf in die Retorte eingeführt wird, wodurch die Ausbeute an Gas von 350 bis auf $400^0$ $cm^3$ je Tonne Kohle erhöht wird; allerdings ist der Heizwert dieses Gases etwas geringer.

Bei der Herstellung von Zechenkoks ist außer auf die Einhaltung einer bestimmten für jede Kohle verschiedenen Entgasungstemperatur, auf den Aschengehalt der Kokskohle Rücksicht zu nehmen.

Die flüssigen Destillationsprodukte werden durch fraktionierte Destillation weiter zerlegt (s. künstliche flüssige Brennstoffe). Die gasförmigen Destillate werden, soweit sie Nebenprodukte sind, entweder zur Heizung von Destillationseinrichtungen, als Ersatz des Leuchtgases, oder des Gaserzeugergases, zur Beheizung von Industrieöfen und zur Krafterzeugung verwendet.

Die genauere Beschreibung der einzelnen Verfahren und ihrer Apparate fällt nicht in den Rahmen dieses Heftes. Es muß diesbezüglich auf die einschlägige Literatur verwiesen werden.

## E. Vergasung.

**1. Chemische Grundlagen.** Die Vergasung der festen Brennstoffe verfolgt das Ziel, den Brennstoff restlos in das Brenngas überzuführen. Wie das geschieht, ist bereits bei der Besprechung der gasförmigen Brennstoffe gesagt worden: Durch sie soll der Kohlenstoff des Brennstoffes, soweit er nicht durch die bei der Vergasung vor sich gehende Entgasung in Gasform übergeführt wird, in CO verwandelt werden. Dies kann einerseits durch den $O_2$ der Luft, anderseits durch den des Wasserdampfes erfolgen. Die Reaktionen, durch die der Kohlenstoff vergast wird, sind die folgenden:

1. $C + O_2 = CO_2 + 97\,640$ kcal $\phantom{x}\Big\}$
2. $2C + O_2 = 2CO + 58\,880$ kcal $\Big\}$ Luftgasreaktionen $\phantom{x}\Bigg\}$ Mischgas-
3. $CO_2 + C = 2CO - 38\,760$ kcal $\phantom{x}\Big\}$ reaktionen
4. $C + H_2O = CO + H_2 - 27\,920$ kcal $\phantom{x}\Big\}$ Wassergas-
5. $C + 2H_2O = CO_2 + 2H_2 - 17\,800$ kcal $\Big\}$ reaktionen

Die Gewichts- und Volumsverhältnisse dieser Reaktionen sind der Zahlentafel 20 Gleichung 1, 6, 7, 8, 9, zu entnehmen.

**2. Verfahren der Gaserzeugung.** Die festen Brennstoffe können entweder 1. mit Wasserdampf (Wassergas), 2. mit Luft (Luftgas) und 3. mit Luft- und Wasserdampf (Mischgas) vergast werden. Wassergas ist ein Vollgas, Luft- und Mischgas sind Schwachgase.

a) **Wassergas.** Die Vergasung mit Wasserdampf liefert ein hochwertiges Gas. Da die Wassergasreaktionen Wärme binden, muß der Brennstoff bei der Herstellung von Wassergas immer wieder auf die Reaktionstemperatur gebracht werden; Wassergas kann daher nicht stetig erzeugt werden. Das Heißblasen des Wassergaserzeugers kann entweder durch Verbrennung des C zu CO· oder zu $CO_2$ durchgeführt werden. Im ersten Fall wird während des Heißblasens ein brennbares Gas (Luftgas) als Nebenprodukt gewonnen, im zweiten Fall entsteht ein wertloses Gas. Beim Heißblasen durch Verbrennung des C zu CO werden aber je Kilogramm C nur 0,61 m³ Wassergas erzeugt, während beim Heißblasen durch Verbrennen des C zu $CO_2$ je Kilogramm C 2,25 m³ Wassergas erhalten werden. Zur Wassergaserzeugung wird in der Regel entgaster Brennstoff verwendet. Da er teuer ist, so wird man darauf sehen, möglichst viel Wassergas aus einem Kilogramm entgasten Brennstoff zu erhalten. Das Heißblasen des Wassergaserzeugers wird daher in der Regel durch Verbrennung des C zu $CO_2$ durchgeführt.

Die Vergasung zu Wassergas kommt nur dann in Frage, wenn die Erzeugung eines hochwertigen Gases unbedingt erforderlich ist; sie wird vielleicht in Zukunft bei der Herstellung synthetischer Öle eine Rolle spielen. In den letzten Jahren sind auch Vorschläge gemacht worden, nicht entgaste Brennstoffe zur Wassergaserzeugung heranzuziehen. Das aus diesen hergestellte Gas führt dann den Namen **Kohlenwassergas**. Es ist ein Gemenge von Destillations- und Wassergas (Verfahren von **Strache** und von **Dellwick-Fleischer**). Die Gaserzeuger sind schachtförmig; bezüglich der Beschreibung der Verfahren und ihrer Einrichtungen wird auf **Trenkler**, „Die Gaserzeuger", Springer, Berlin, verwiesen.

b) **Schwachgase.** Normal werden die Brennstoffe mit Luft oder mit Luft und Wasserdampf stetig vergast. Der Wasserdampfzusatz zur Vergasungsluft kann entweder so hoch gehalten werden, daß der C nur zu CO vergast wird (Mischgas 1) oder höher, daß der C zu $CO_2$ vergast wird (Mischgas 2). Für CO-Vergasung darf die Temperatur nicht unter 1100° herabgehen, für $CO_2$ darf sie nicht

Zahlentafel 28. Gasmenge, Gaszusammensetzung, Heizwert und Wirkungsgrad der verschiedenen Arten der Schwachgase aus 1 kg Kohlenstoff.

| Art der Vergasung | Gasmenge in Gaszusammensetzung | | | | | | | | | Heizwert je m³ kcal | Wirkungsgrad ohne Eigenwärme des Gases | Temperatur in der Vergasungszone |
|---|---|---|---|---|---|---|---|---|---|---|---|---|
| | $CO_2$ | | CO | | $H_2$ | | $N_2$ | | Summe | | | |
| | m³ | % | m³ | % | m³ | % | m³ | % | m³ | | | |
| mit Luft allein | — | — | 1,866 | 34,5 | — | — | 3,5 | 65,5 | 5,366 | 1063 | $N = \dfrac{5{,}36 \cdot 1063 \cdot 100}{8130} = 70{,}2\,\%$ | 1470° |
| mit Luft und Wasserdampf Mischgas I | — | — | 1,866 | 36,78 | 0,33 | 6,64 | 2,86 | 56,56 | 5,066 | 1284 | $N = \dfrac{5{,}06 \cdot 1284 \cdot 100}{8130 + 0{,}27 \cdot 600} = 79{,}07\,\%$ | 1150° |
| Mischgas II | 1,866 | 28,48 | — | — | 2,64 | 40,42 | 2,03 | 31,08 | 6,536 | 1035 | $N = \dfrac{6{,}53 \cdot 1035 \cdot 100}{8{,}130 + 2{,}13 \cdot 600} = 72{,}9\,\%$ | 700° |

unter 700° fallen. Zahlentafel 28 gibt die Gase, ihren Heizwert, ihre Zusammensetzung und den Wirkungsgrad wieder, der bei der Vergasung des reinen Kohlenstoffes mit Luft und Luft und Wasserdampf nach Fall 1 und Fall 2 erreicht werden kann. Ihr ist zu entnehmen, daß rein theoretisch betrachtet, die Erzeugung von Mischgas 1 am günstigsten ist. Auch praktisch hat sich die Vergasung des Brennstoffes auf Mischgas 1 als durchaus wirtschaftlich erwiesen. Zahlentafel 29 gibt die Wirkungsgrade wieder, die bei der Vergasung der verschiedenen Brennstoffe auf Luft- und Mischgas 1 erhalten werden. Die Vergasung der festen Brennstoffe wird daher in der Regel so durchgeführt, daß Mischgas 1 entsteht. Nur ausnahmsweise erfolgt sie mit Luft allein oder mit einem stärkeren Dampfzusatz. Luftgas wird heute nur in dem Abstichgaserzeuger erzeugt, der erst in der letzten Zeit wieder neu eingeführt wurde, weil er sehr leistungsfähig ist und die Vergasung von aschenreichen Brennstoffen (bis 60 % Asche) ermöglicht. Beim Vergasen mit Luft und einem stärkeren Dampfzusatz entsteht ein Gemenge von Mischgas 1 und Mischgas 2 (Mondgas). So wird vergast, wenn bei stickstoffreichen Brennstoffen der Stickstoff des Brennstoffes in Form von $NH_3$ gewonnen werden soll.

Vergast wird ausnahmslos in schachtförmigen Gaserzeugern, in denen der Brennstoff der Vergasungsluft entgegenbewegt wird. Die Luft wird entweder eingeblasen (Druckgaserzeugung) oder eingesaugt (Sauggaserzeugung). Fig. 10 gibt die Vorgänge, die sich bei den verschiedenen Arten der Vergasung abspielen, schematisch wieder. Tatsächlich werden die einzelnen Vorgänge nicht so scharf voneinander geschieden sein, wie es in der Figur gezeigt ist. Die festen Brennstoffe werden normal im rohen Zustand vergast, da durch das Entgasungsgas der Heizwert des Gaserzeugergases wesentlich erhöht wird.

Um bei der Vergasung mit Luft und Dampf Mischgas 1 zu erhalten, muß erstens in der Vergasungszone eine Temperatur von 1100° eingehalten werden. Das wesentlichste Mittel hierzu ist die Regelung des Wasserdampfzusatzes. Nach den Versuchen von Neumann soll bei der Vergasung von Steinkohlen der Zusatz von Wasserdampf 0,4 kg je Kilogramm vergaster Steinkohle nicht überschreiten. Bei Braunkohle ist der Wasserdampfzusatz niedriger zu halten, bei den wasserreichen Braunkohlen kann er unter Um-

## Vergasung.

**Zahlentafel 29. Wärmebilanzen von Abstich- und Drehrostgaserzeuger in % der zugeführten Wärme.**

| Gaserzeuger | Morgan | | Abstichgaserz. Würth | Georgs-Mar.-Hutte | Drehrostgaserzeuger | | | |
|---|---|---|---|---|---|---|---|---|
| Brennstoff | Steinkohle | | Perlkoks | | Steinkohle | Braunkohlenbrikett | Rohbraunkohle | Koks |
| Gasart | Luftgas | Mischg.I | Mischg.I | Luftgas | Mischg.I | Mischg.I | Mischg.I | Mischg.I |
| **Eingeführt** | | | | | | | | |
| durch den Brennstoff | 100,00 | 97,09 | 94,92 | 99,1 | 94,70 | 96,97 | 100,00 | 97,09 |
| „   „   Dampf | — | 2,91 | 2,78 | — | 5,30 | 3,03 | — | 2,91 |
| Windvorwärmung | — | — | 3,30 | 0,9 | — | — | — | — |
| Summe | 100,00 | 100,00 | 100,00 | 100,00 | 100,00 | 100,00 | 100,00 | 100,00 |
| **Nutzbar verwertbar:** | | | | | | | | |
| Gasheizwert | 77,42 | 85,71 | 74,20 | 72,00 | 71,00 | 82,15 | 75,00 | 79,50 |
| Fühlbare Wärme[1] | 12,54 | 9,92 | 14,70 | 18,30 | 18,63 | 11,47 | 4,92 | 2,30 |
| Dampferzeugung | — | — | — | — | — | — | — | 15,40 |
| Teer (Nebenprodukt) | — | — | — | — | — | — | 15,00 | — |
| Summe | 89,96 | 95,63 | 88,90 | 90,30 | 89,63 | 93,62 | 94,92 | 97,20 |
| **Verluste:** | | | | | | | | |
| Staub und Schlacke | 1,15 | 0,08 | 6,80 | 2,75 | 10,35 | 6,38 | 5,08 | 0,97 |
| Kühlwasser | — | — | 1,03 | 3,85 | | | | — |
| Strahlung | 8,89 | 4,29 | 3,27 | 3,10 | | | | 1,83 |
| Summe | 10,04 | 4,37 | 11,10 | 9,70 | 10,35 | 6,38 | 5,08 | 2,80 |

[1] Wird das Gas nicht sofort unmittelbar hinter dem Gaserzeuger verwertet, sondern auf weite Strecken abgeleitet, so ist die fühlbare Wärme den Verlusten zuzuzählen.

ständen ganz entfallen, da bei diesen durch die Verdampfung des Feuchtigkeitsgehaltes des Brennstoffes eine bedeutende Abkühlung des Gaserzeugers eintritt. Zweitens muß so vergast werden, daß die in den unteren Lagen des Gaserzeugers entstandene Kohlensäure in der Vergasungszone vollkommen zu CO reduziert wird. Die Vorgänge, die zur Vergasung führen, sind Reaktionen von Gasen und festen Körpern. Damit sie vollkommen verlaufen, wird es neben der Temperatur in erster Linie auf eine entsprechend lange und innige Berührung der Gase mit dem glühenden Brennstoff ankommen. Es wird daher die Größe der Oberfläche des Brennstoffes, die Gleichmäßigkeit des Widerstandes der Brennstoffschicht über den ganzen Querschnitt und die Gasgeschwindigkeit eine Rolle spielen. Sie werden von der Stückgröße des Brennstoffes und der Belastung des Gaserzeugers abhängen. Die Gleichmäßigkeit des Durchganges des Gasstromes durch den Brennstoff wird um so größer sein, je gleichmäßiger die Stückgröße des Brennstoffes ist. Es ist also in erster Linie eine gleichmäßige Stückgröße des Brennstoffes anzustreben. An der Stückgröße und ihrer Gleichmäßigkeit ist auch sein Verhalten bei der Verkokung zu berücksichtigen. Brennstoffe, die bei der Verkokung zusammenbacken, werden weniger zur Vergasung geeignet sein, da sie zur Entstehung von Koksbrücken Veranlassung geben, die den gleichmäßigen Durchgang der Gase beeinträchtigen. Auch das Verhalten der Asche wird die Güte des Gases beeinflussen, da eine leicht schmelzbare Asche die Ursache der Schlackenbrücken ist, die ebenfalls den gleichmäßigen Durchgang der Vergasungsluft stören. Schlackenbrücken können durch einen erhöhten Dampfzusatz oder durch Zusatz von Kalkstein zum Brennstoff vermieden werden; die Störungen, die durch ein Zusammenbacken des Brennstoffes eintreten, müssen durch eine verstärkte Stocharbeit behoben werden.

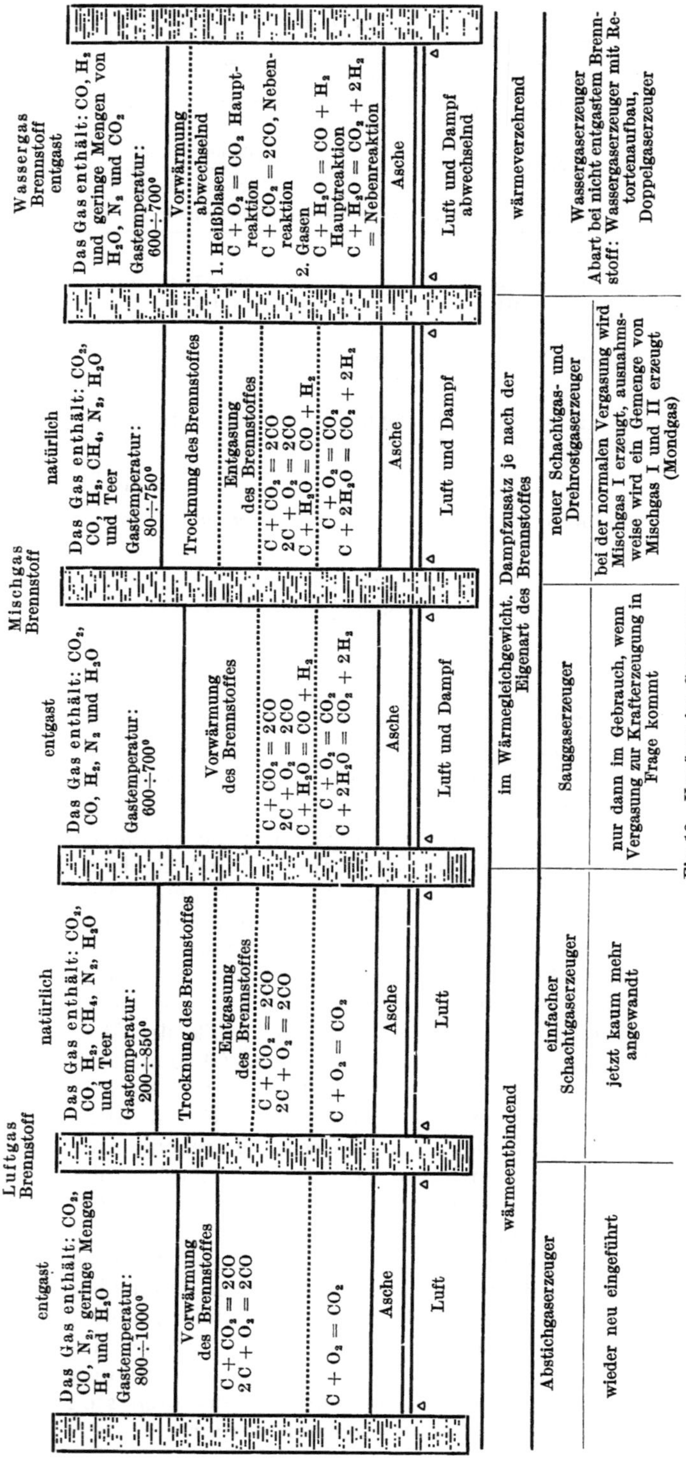
Luftgas
Brennstoff
entgast
Das Gas enthält: $CO_2$, CO, $N_2$, geringe Mengen $H_2$ und $H_2O$
Gastemperatur: 800÷1000°
Vorwärmung des Brennstoffes
$C + CO_2 = 2CO$
$2C + O_2 = 2CO$
$C + O_2 = CO_2$
Asche
Luft
natürlich
Das Gas enthält: $CO_2$, CO, $H_2$, $CH_4$, $N_2$, $H_2O$ und Teer
Gastemperatur: 200÷850°
Trocknung des Brennstoffes
Entgasung des Brennstoffes
$C + CO_2 = 2CO$
$2C + O_2 = 2CO$
$C + O_2 = CO_2$
Asche
Luft
Mischgas
Brennstoff
entgast
Das Gas enthält: $CO_2$, CO, $H_2$, $N_2$ und $H_2O$
Gastemperatur: 600÷700°
Vorwärmung des Brennstoffes
$C + CO_2 = 2CO$
$2C + O_2 = 2CO$
$C + H_2O = CO + H_2$
$C + O_2 = CO_2$
$C + 2H_2O = CO_2 + 2H_2$
Asche
Luft und Dampf
natürlich
Das Gas enthält: $CO_2$, CO, $H_2$, $CH_4$, $N_2$, $H_2O$ und Teer
Gastemperatur: 80÷750°
Trocknung des Brennstoffes
Entgasung des Brennstoffes
$C + CO_2 = 2CO$
$2C + O_2 = 2CO$
$C + H_2O = CO + H_2$
$C + O_2 = CO_2$
$C + 2H_2O = CO_2 + 2H_2$
Asche
Luft und Dampf
Wassergas
Brennstoff
entgast
Das Gas enthält: CO, $H_2$ und geringe Mengen von $H_2O$, $N_2$ und $CO_2$
Gastemperatur: 600÷700°
Vorwärmung abwechselnd
1. Heißblasen
$C + O_2 = CO_2$ Hauptreaktion
$C + CO_2 = 2CO$, Nebenreaktion
2. Gasen
$C + H_2O = CO + H_2$ Hauptreaktion
$C + H_2O = CO_2 + 2H_2$ = Nebenreaktion
Asche
Luft und Dampf abwechselnd
wärmeentbindend
im Wärmegleichgewicht. Dampfzusatz je nach der Eigenart des Brennstoffes
wärmeverzehrend
Abstichgaserzeuger
wieder neu eingeführt
einfacher Schachtgaserzeuger
jetzt kaum mehr angewandt
Sauggaserzeuger
nur dann im Gebrauch, wenn Vergasung zur Krafterzeugung in Frage kommt
neuer Schachtgas- und Drehrostgaserzeuger
bei der normalen Vergasung wird Mischgas I erzeugt, ausnahmsweise wird ein Gemenge von Mischgas I und II erzeugt (Mondgas)
Wassergaserzeuger
Abart bei nicht entgastem Brennstoff: Wassergaserzeuger mit Retortenaufbau, Doppelgaserzeuger

Fig. 10. Vorgänge im Gaserzeuger.

Außer auf die Stückgröße und das Verhalten des Brennstoffes bei der Entgasung ist dann auf die Einhaltung der richtigen Schichthöhe zu sehen, um die entsprechende Oberfläche zu schaffen. Bei grobstükkigen Brennstoffen wird eine größere Schichthöhe eingehalten werden müssen, als bei feinstückigen. Außer von der Stückigkeit wird die Schichthöhe auch von der Belastung des Gaserzeugers abhängen: bei stärkerer Belastung wird eine höhere Brennstoffschicht eingehalten werden müssen als bei schwacher Belastung. Infolge des größeren Widerstandes einer hohen Brennstoffschicht kann es dabei leicht zur Entstehung von Oberfeuer durch Bildung bevorzugter Durchgänge der Gase kommen. Es wird daher bei starker Belastung die Erhöhung der Brennstoffschicht nur bis zu einer bestimmten Grenze vorteilhaft sein. Je nach der Belastung, der Stückigkeit und der Natur des Brennstoffes schwankt die Höhe der Brennstoffsschicht zwischen 0,5—1,5 m. Die Gleichmäßigkeit des Widerstandes der Brennstoffschicht wird bei den neuzeitlichen Gaserzeugern durch die mechanische Durcharbeitung des Brennstoffes durch den Drehrost oder durch besondere mechanische

Einrichtungen erreicht. Für jeden Fall werden die Arbeitsbedingungen für jeden Brennstoff verschieden sein; sie müssen durch praktische Vergasungsversuche festgelegt werden. Die Beschickung der Gaserzeuger erfolgt in der Regel entweder periodisch oder bei den neueren Ausführungen laufend.

Der Wasserdampf wird überhitzt verwendet, damit nicht durch seine vorzeitige Kondensation Verluste entstehen. Die freie Wärme des Gaserzeugergases wird mitunter zur Vorwärmung der Vergasungsluft und zur Dampferzeugung verwendet. Die festen Rückstände werden heute gewöhnlich selbsttätig entfernt (Drehrostgaserzeuger). Bei den Abstichgaserzeugern werden die Rückstände im flüssigen Zustand entfernt. In ihnen wird gleichzeitig mit der Schlacke in geringem Ausmaß auch Roheisen erschmolzen.

Wird das Gaserzeugergas zu Heizwecken verwendet, so wird es in der Regel direkt verbrannt. Eine Reinigung ist im allgemeinen nicht notwendig. Nur bei der Vergasung von wasserreichen Brennstoffen (deutsche Rohbraunkohle, wasserreichen Torf) empfiehlt es sich, das Gas vor der Verwendung abzukühlen, um den hohen Feuchtigkeitsgehalt des Gases zu erniedrigen; es wird dadurch trotz Ausscheidung des Teeres sein pyrometrischer Effekt verbessert. Wird das Gas zur Krafterzeugung herangezogen, so muß es gereinigt werden. Mit der Abkühlung bzw. Reinigung des Gases werden die flüssigen flüchtigen Bestandteile der Kohle dem Gas entzogen, es wird dabei Teer als Nebenprodukt gewonnen. Die Zusammensetzung des Gaserzeugerteeres kommt der des Urteeres sehr nahe, da die Entgasung des Brennstoffes im Gaserzeuger bei niedrigen Temperaturen vor sich geht. Die Vergasung des Brennstoffes kann daher, wenn die Kohle reich an flüchtigen Bestandteilen ist, mit einer Gewinnung ihrer flüssigen flüchtigen Bestandteile verbunden werden; sie ist also auch ein Weg zur Urteergewinnung. Diese kann entweder dadurch erreicht werden, daß das gesamte Generatorgas abgekühlt und gereinigt wird; dieser Weg wird nur bei den wasserreichen Brennstoffen eingeschlagen. Oder es kann Urteer dadurch gewonnen werden, daß in den Gaserzeuger ein Schwelrohr eingebaut wird, das durch das heiße Gaserzeugergas geheizt wird. In diesem Fall werden die Schwelgase getrennt von dem Gaserzeugergas abgeleitet, und das gereinigte Schwelgas wird dem Gaserzeugergas zugesetzt. Reicht die Hitze des Gaserzeugergases zum Heizen dieses Schweleinsatzes durch Außenbeheizung nicht aus, so wird ein Teil des Gaserzeugergases zur Innenbeheizung auch durch den Schweleinsatz geleitet. Dann ist mit der Urteergewinnung die Reinigung eines Teiles des Gaserzeugergases verbunden. Die Betriebsführung und die Anlage wird mit der Urteergewinnung verwickelter. Sie ist daher nur dort berechtigt, wo die Wärmeeinheiten des gewonnenen Teeres mit beträchtlich besserem Wirkungsgrad verwertet werden können als die in den Kohlenwasserstoffen des Gases, oder wo ein Betrieb Teer benötigt. Sie ist, abgesehen davon, daß der Verkaufspreis des Teeres die Kosten der Gewinnung decken muß, nur dann möglich, wenn entteertes Gas überhaupt verwendet werden darf. Durch die Entteerung wird der pyrometrische Effekt des Gases herabgesetzt, wodurch bei Feuerungsstellen, die eine hohe Temperatur beanspruchen, der Wirkungsgrad der Feuerung bedeutend erniedrigt werden kann.

Ist der Brennstoff, der entgast wird, stickstoffreich, so kann mit der Gaserzeugung auch eine Gewinnung von Stickstoff in Form von Ammoniak in Frage kommen. Um den $N_2$ zum weitaus größten Teil in dieser Form zu erhalten, muß mit einem großen Dampfzusatz vergast werden. In diesem Fall wird nicht Mischgas 1, sondern ein Gemenge von Mischgas 1 und 2 erzeugt (Mondgas). Bei Steinkohle werden hierzu je Kilogramm $2 \div 2^1/_2$, bei Braunkohle $1 \div 1^1/_2$ kg Dampf benötigt. Der notwendige Wasserdampf wird dabei zum Teil

## Zahlentafel 30. Gaserzeugerbetrieb.

Vergasungsleistungen in t je 24 st verschiedener Bauarten bei verschiedenen Brennstoffen

| Brennstoff | Planrost-Sauggaserzeuger | | Gaserzeuger mit Windhaube | | | | Drehrostgaserzeuger | | | Abstichgaserzeuger |
|---|---|---|---|---|---|---|---|---|---|---|
| | $600 \varnothing =$ $0,28$ m² | $1000 \varnothing =$ $0,785$ m² | $1500 \varnothing =$ $1,767$ m² | $2000 \varnothing =$ $3,44$ m² | $2500 \varnothing =$ $4,91$ m² | $2100 \varnothing =$ $3,46$ m² | $2600 \varnothing =$ $5,31$ m² | $3000 \varnothing =$ $7,07$ m² | | $3000 \varnothing = 7,0$ m² Gestell |
| Nußkoks, 20—40 mm | 0,4 | 1,2 | 5 | 8 | 12 | 14 | 22 | 30 | | 100 |
| Anthrazit, 8—20 mm | 0,6 | 2,0 | 6 | 8 | 12 | 14 | 22 | 30 | | — |
| Flammkohle, Nuß | 0,6 | 2,0 | 5 | 9 | 12 | 12 | 18 | 24 | | — |
| Magerkohle, gew. Nuß | 0,7 | 2,4 | 5 | 9 | 12 | 12 | 18 | 24 | | — |
| back. Steinkohle, Würfel | — | — | — | 6 | 9 | 10 | 14 | 18 | | — |
| Braunkohlenbriketts | 0,6 | 2,0 | 6 | 10 | 16 | 18 | 28 | 36 | | — |
| Rohbraunkohle | — | — | — | — | — | 18 | 28 | 36 | | — |
| Fördersteinkohle (20 % Staub) | — | — | 3 | 5 | 8 | 11 | 16 | 22 | | — |
| aschenreiche Abfallkohle | — | — | — | — | — | 10 | 15 | 20 | | — |
| Torf | 0,6 | 1,0 | — | — | — | 18 | 28 | 36 | | — |

### Gaserzeugergas

| Brennstoff | Art | Ausbeute m³/kg | Heizwert d. trockenen teerhaltigen Gases | Zusammensetzung | | | | | Gehalt an | | Dampfzusatz |
|---|---|---|---|---|---|---|---|---|---|---|---|
| | | | | $CO_2$ % | $CO$ % | $H_2$ % | $CH_4$ % | $C_xH_y$ % | Teer g/m³ | $H_2O$ g/m³ | kg/kg |
| Steinkohle | Mischgas | 3,3—4,2 | 1300—1550 (1450) | 2—4 (3) | 30—26 (28) | 9—13 (11,5) | 1,5—4 (2,8) | — | 10—12 | 30 | 0,30 |
| Braunkohlenbriketts | Mischgas | 2,5 | 1300—1600 (1400) | 3—5 (4) | 30—28 (29) | 8—11 (9,5) | 2—6 (2,5) | — | 10 | 50 | 0,05—0,10 |
| wasserreiche Rohbraunkohle | Mischgas | 1,3—1,5 | 1050—1250[1] (1150) | 9—10 (9,5) | 23—21 (22) | 9—12 (10,2) | 0,6—5 (2,5) | — | 20 | 250 20[1] | — |
| Torf, lufttrocken (25 % $H_2O$) | Mischgas | 1,8—2 | 1300—1400 (1350) | 4—8 (6,0) | 29—25 (27,0) | 10—16 (13,0) | 2,2—2,6 (2,4) | — | — | 35 | — |
| Koks | Luftgas | 4—5 | 1070 | 1,5 | 33,5 | 2,1 | — | — | — | 12 | — |

[1] Teerfrei, d. h. auf normale Temperatur abgekühlt, die untere Grenze der angeführten Heizwerte wird bei bitumenarmen Kohlen, die obere bei bitumenreichen erreicht.

Vergasung. 67

## Zahlentafel 31.
### Wirkungsgrad und Verluste einer Vergasungsanlage (Gaserzeuger).
### Durchzuführende Bestimmungen:

1. **Brennstoffe:**
   a) Verbrauch in kg: $Q_1$.
   b) Durchschnittsanalyse: 1 kg enthält kg: $C = c_1$, $H_2 = h_1$, $O_2 = q_1$, $N_2 = n_1$, $S = s_1$, $H_2O = w_1$, Asche $= a_1$, unterer Heizwert $= H_{u1}$.
   c) Gesamtkohlenstoff: $C_1 = Q_1 \cdot c_1$.

2. **Vergasungsluft:**
   a) Menge in m³: $L = \dfrac{Q_3 \cdot n_3 - Q_1 n_1 \cdot 0{,}8}{79}$ m³.
   b) Durchschnittstemperatur: $t_1$.
   c) Mittlere spez. Wärme: $c_{pm_1}$.

3. **Vergasungsdampf:**
   a) Menge in kg: $Q_2$.
   b) Durchschnittstemperatur: $t_2$.
   c) Mittlere spez. Wärme: $c_{pmH_2O}$.

4. **Gaserzeugergas, naß:**
   a) Erzeugte Menge in m³: $Q_{3ber.} = \dfrac{C_1 - C_2}{c_3}$.
   b) Durchschnittsanalyse: 1 m³ enthält m³: $CO_2 = k_3$, $CO = p_3$, $H_2 = h_3$, $O_2 = q_3$, $N_2 = n_3$, $CH_4 = v_3$, $C_2H_4 = r_3$, $H_2O = w_3$, Heizwert $= H_{u3}$.
   1 m³ enthält kg: Teer und Ruß $= c'$ kg C.
   1 m³ enthält kg: $C = c_3 = [(k_3 + p_3 + 2s_3 + v_3)0{,}536 + c']$.
   c) Durchschnittstemperatur: $t_3$.
   d) mittlere spez. Wärme: $c_{pmg}$.

5. **Kohlenstoff in den Rückständen.** $'C = \dfrac{Q_1 \cdot a_1 \cdot c_4}{(1 - c_4)}$.
   (1 kg trockener Rückstand enthält $c_4$ kg C.)

Wirkungsgrad: $N = \dfrac{\text{kcal ausgebracht}}{\text{kcal eingebracht}}$

kcal ausgebracht: $Q_3 H_{u3} + Q_3 c_{pmg} \cdot t_3$, $c_{pmg} = [(p_3 + h_3 + q_3 + n_3) c_{pmL} + k_3 c_{pmCO_2} + w_3 c_{pmH_2O} + v_3 c_{pmCH_4} + r_3 c_{pmC_2H_4}]$.

kcal eingebracht: $Q_1 \cdot H_{u1} + L c_{pmL} \cdot t_2 + Q_2 \cdot t_2 c_{pmH_2O}$.

Der Wirkungsgrad ist um die Lässigkeitsverluste zu verkleinern (Stoch- und Gasverluste), sie betragen meist $1 \div 5\,\%$.

Freie Wärme des Gases: $W = \dfrac{Q_3 c_{pmg} \cdot t_3}{\text{kcal eingebracht}} \cdot 100\,\%$. Wird das Gas nicht sofort aus dem Gaserzeuger in den Feuerungsraum geleitet, so geht die freie Wärme zum Teil oder zur Gänze verloren, es wird dann auch ein Teil des Teers ausgeschieden.

Verlust durch unvergasten C: $V_1 = \dfrac{8130 \cdot C_2}{\text{kcal eingebracht}} \cdot 100\,\%$.

Strahlungsverluste: $V_2 = 100 - (N + V_1)$.

mit Hilfe der freien Wärme des Gaserzeugergases erzeugt. Mit der Stickstoffgewinnung ist gleichzeitig eine Teergewinnung verbunden.

In den Gaserzeugern können alle Arten der festen Brennstoffe vergast werden. Selbstverständlich ist nicht jeder Gaserzeuger für die Vergasung aller Arten der festen Brennstoffe geeignet. Für aschenreiche, feinstückige Brennstoffe sowie minderwertige Braunkohle müssen besondere Bauarten verwendet werden: Für aschenreiche Brennstoffe (60 %) der Abstichgaserzeuger, für feinkörnige der Hochdruckgaserzeuger. Die nähere Beschreibung der verschiedenen Gaserzeuger gehört nicht in den Rahmen dieses Heftes [1]).

Die Leistungsfähigkeit der einzelnen Gaserzeuger ist je nach dem Brennstoff, der vergast wird, verschieden. Zahlentafel 30 gibt einen Überblick über die Vergasungsleistung der verschiedenen Bauarten bei der Vergasung der ver-

---
[1]) Es wird diesbezüglich auf das Buch Trenkler, Gaserzeuger, Berlin: Julius Springer, 1923, verwiesen.

schiedenen Brennstoffe auf Mischgas sowie die Zusammensetzung der aus den verschiedenen Brennstoffen erzeugten Mischgase. Der Betrieb wird am besten dadurch überwacht, daß der Wirkungsgrad der Vergasungsanlage dauernd festgestellt wird, was ähnlich geschieht wie der Wirkungsgrad der Feuerung. Zahlentafel 31 gibt eine Anweisung dazu.

## VIII. Richtlinien für die Probenahme, Bestimmung des Heizwertes und chemische Untersuchung der Brennstoffe.

### A. Probenahme.

Für die Verwendungsfähigkeit eines Brennstoffes für bestimmte Zwecke sowie die Überwachung seiner Verbrennung, Vergasung und Entgasung ist die Kenntnis seiner Zusammensetzung und seines Heizwertes sowie seines Verhaltens bei den verschiedenen Arten der Verwertung unbedingt notwendig. Alle diese Eigenschaften werden durch Untersuchungen einer Durchschnittsprobe festgestellt, die bei den festen, flüssigen und gasförmigen Brennstoffen in verschiedener Weise genommen wird.

**1. Probenahme fester Brennstoffe.** Eine allgemeine Regel für die Probenahme fester Brennstoffe läßt sich schwer aufstellen, da sie von der Natur des Probegutes und den Ortsverhältnissen abhängig ist, die in den einzelnen Fällen sehr verschieden sind. Auf Grund langjähriger Erfahrungen wurden vom Verein Deutscher Ingenieure, dem internationalen Verbande der Dampfkesseluntersuchungsvereine und dem Vereine Deutscher Maschinenbauanstalten die folgenden Normen für die Probenahme bei Heizversuchen festgelegt: „Um eine richtige Durchschnittsprobe zu erlangen, kann man in folgender Weise verfahren: Von jeder Ladung (Karren, Korb u. dgl.) des zugeführten Brennstoffes wird eine Schaufel voll in einem mit einem Deckel versehenes Gefäß geworfen. Sofort nach Beendigung des Verdampfungsverfahrens wird der Inhalt des Gefäßes zerkleinert, gemischt, quadratisch ausgebreitet und durch die Diagonalen in vier gleiche Teile geteilt; zwei gegenüberliegende Teile werden fortgenommen und die beiden anderen wieder zerkleinert, gemischt und geteilt. In dieser Weise wird fortgefahren, bis eine Probemenge von etwa 10 kg übrigbleibt, die in verschlossenem Gefäß zur Untersuchung gebracht wird. Außerdem ist während des Versuches eine Anzahl von Proben in luftdicht zu schließende Gefäße zu füllen (Feuchtigkeitsprobe)." Handelt es sich um die Probenahme für die Dauerüberwachung einer Feuerungsstelle, so müssen die täglich in der angeführten Art genommenen Teilproben in gut schließenden Gefäßen (mit Blech ausgekleidete Kisten) aufbewahrt werden, damit die grobe Feuchtigkeit und der Wassergehalt während des Ansammelns der Einzelproben keine Änderung erfährt. Diese Gefäße sind in einem kühlen Raum aufzubewahren. Bei dem Verbrauch gemischter Sortierungen ist darauf zu achten, daß die einzelnen Körnungen in der Probe in dem gleichen Verhältnis vertreten sind. Bei Koks wird die Probe dadurch entnommen, daß einer größeren Anzahl von Koksstücken ein Stück abgeschlagen wird. Es ist darauf zu achten, daß die Probestücke nicht vom Kopf der großen Stücke stammen. Das Gesamtgewicht der einzelnen Proben hängt von der Größe und Art der Lieferung ab. Bei gleichartigen Sortierungen (Erbs-, Nuß-, Würfelkohle u. dgl.) können die Proben kleiner sein als bei ungleichmäßiger Stückgröße (Förderkohle, melierte Kohle). Für die Probennahme von Kohlenstaub wurde vom Kohlenstaubausschuß des Reichskohlenausschusses eine besondere Vorschrift ausgearbeitet, auf die hiermit verwiesen wird[1]). Die Entnahme der eigentlichen Analysenprobe aus der Durchschnittsprobe erfolgt nach ihrer Zerkleinerung in der gleichen Art wie die Entnahme der großen Probe. Ist der Brennstoff naß, so muß vor der Entnahme der Analysenprobe die grobe Feuchtigkeit bestimmt werden. Es geschieht dies dadurch, daß die genau gewogene Probe an einem staubfreien Ort auf einer Horde ausgebreitet und solange liegen gelassen wird, bis keine Feuchtigkeit mehr erkennbar ist. Die Anwendung hoher Temperaturen zur Beschleunigung der Trocknung ist zu vermeiden. Bei der Zerkleinerung und Teilung der getrockneten großen Proben ist darauf zu achten, daß diese Arbeiten auf einer festen, staub- und sandfreien Unterlage erfolgen. Die Analysenprobe ist in einem luftdicht verschlossenen Gefäß aufzubewahren.

---

[1]) Geschäftsstelle des deutschen Reichskohlenrates, Berlin W 15, Ludwigskirchplatz 3, IV.

**2. Probenahme flüssiger Brennstoffe.** Einfacher als bei den festen Brennstoffen ist die Probenahme der flüssigen. Handelt es sich um gleichartige Flüssigkeiten, die in einem einzigen Behälter untergebracht sind, so sind besondere Maßnahmen nicht erforderlich. Bei flüssigen Brennstoffen, deren einzelne Bestandteile sich leicht entmischen, oder die Wasser enthalten, das sich infolge des nahezu gleichen spezifischen Gewichtes von Wasser und Brennstoff und der großen Zähflüssigkeit des Brennstoffes in allen seinen Lagen vorfindet, wird die Probe mit einem Stechheber entnommen, der bis auf den Boden des Behälters eingeführt werden muß. Die Entnahme ist bei großen Behältern an verschiedenen Stellen zu wiederholen. Die Einzelproben werden in einem entsprechenden Gefäß gesammelt, aus dem dann auf dem gleichen Weg die endgültige Probe genommen wird.

**3. Probenahme bei gasförmigen Brennstoffen und Abgasen.** Sie geschieht dadurch, daß aus der Gasleitung oder den Abgaskanälen dauernd eine Probe gleichmäßig abgesaugt wird. Fig. 11 zeigt eine dazu geeignete Vorrichtung. Die Entnahmestelle muß richtig gewählt sein, da trotz der großen Beweglichkeit der Gasmoleküle die Zusammensetzung strömender Gase häufig sehr ungleichmäßig ist. Sie wird daher mitunter erst auf Grund genauer Untersuchungen des Gases in den einzelnen Teilen der Leitung festgelegt werden können. Das Rohr, mit dem die Probe gezogen wird, muß den auftretenden Temperaturen widerstehen können, es darf außerdem auf das abzuziehende Gas keine chemische Wirkung ausüben. Bei heißen Gasen ist darauf zu achten, daß die Verbindung des Saugrohrs mit dem Sammelgefäß nicht leidet. In besonderen Fällen wird ein wassergekühltes Rohr zum Absaugen verwendet werden müssen. Muß infolge der hohen Temperatur des Gases an Stelle des Eisenrohres ein Porzellan- oder Tonrohr zum Absaugen verwendet werden, so ist stets das Rohr auf Dichtigkeit zu prüfen. Die Sperrflüssigkeit im Sammelgefäß darf keine Gasbestandteile absorbieren. (Verwendung von mit Gas gesättigtem Wasser oder Verwendung einer das Gas vom Wasser absperrenden Ölschicht.) Die Probe soll möglichst bald analysiert werden.

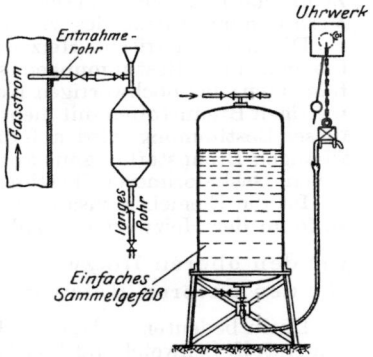

Fig. 11. Probenahme von Gasen.

**4. Probenahme von Verbrennungsrückständen.** Die Probe der Verbrennungsrückstände ist ebenso zu entnehmen wie die der festen Brennstoffe. Ein Unterschied besteht nur insofern, als die täglich entnommenen Durchschnittsproben nicht in einer mit Blech ausgeschlagenen Kiste aufbewahrt zu werden brauchen, da sich ihr Feuchtigkeitsgehalt während des Lagerns ohne weiteres ändern darf. Aus der großen Durchschnittsprobe ist die Analysenprobe auch ebenso zu entnehmen wie bei den festen Brennstoffen.

## B. Heizwertbestimmung.

Die Kenntnis des Heizwertes ist zur Bestimmung der theoretischen Flammentemperatur, weiter zur Beurteilung der Wärmeeinheiten, die in die Feuerungsstelle geführt werden, notwendig. Man hat bei den Brennstoffen zwei Heizwerte zu unterscheiden: den oberen ($H_o$) und den unteren ($H_u$). Der obere gibt die Wärmeeinheiten wieder, die bei der vollständigen Verbrennung von 1 kg oder 1 m³ Brennstoff zu Kohlensäure und tropfbar flüssigem Wasser frei werden; er wird auch kurzweg „Verbrennungswärme" genannt. Der untere Heizwert gibt jene Wärmeeinheit wieder, die bei der vollkommen vollständigen Verbrennung 1 kg Brennstoff zu Kohlensäure und Wasserdampf entwickelt werden.

$$H_u = H_o - 0{,}6 \cdot W_B \frac{\text{kcal}}{\text{kg bzw. m}^3},$$

wobei $W_B$ die bei der Verbrennung von 1 kg oder 1 m³ Brennstoff im Kalorimeter entstandene Wassermenge in g ist. Im Ausland wird in der Regel mit dem oberen Heizwert gerechnet, in Deutschland ist bisher nur der untere Heizwert bei der Bestimmung des Heizwertes herangezogen worden. Es wird nun vorgeschlagen, daß beide Heizwerte gleichzeitig gebraucht werden sollen. Der Heizwert wird bei den verschiedenen Brennstoffen in der folgenden Weise bestimmt:

**1. Feste und flüssige Brennstoffe.** Bei diesen ist der Heizwert ausschließlich kalorimetrisch zu bestimmen, und zwar mittels der kalorimetrischen Bombe. Dabei wird ungefähr 1 g des Brennstoffes mit Sauerstoff unter einem Druck von 25 at verbrannt. Die Verbrennungswärme wird auf eine genau bestimmte Wassermenge übertragen, aus deren Temperaturerhöhung die durch die Verbrennung frei gewordene Wärmemenge berechnet wird. Dieser Wärme ist noch der Wasserwert des Kalorimeters hinzuzufügen, der durch Verbrennung eines chemisch reinen Stoffes erhalten wird. Als solche werden empfohlen Benzoesäure mit 6325 kcal/kg und Salizylsäure mit 5269 kcal/kg. Der Wasserwert stellt die Wärmemenge vor, die die metallischen Teile des Kalorimeters bei Durchführung der Bestimmung aufnehmen; er darf 2 kcal nicht unterschreiten. Der Wasserwert der Bombe, des Rührers und des Wassergefäßes darf 20 % des Gesamtwasserwertes nicht übersteigen. Bei der Berechnung der Verbrennungswärme sind in Abzug zu bringen: a) 22,5 kcal für je 1 % Schwefel; es ist dies die zusätzliche Wärmetönung für die Oxydation des Schwefels von schwefeliger Säure zu Schwefelsäure. b) Die Bildungswärme von Salpetersäure, die mit 1,43 kcal für 1 cm³ Zehntelnormallösung dieser Säure in Rechnung zu stellen ist. c) Die Strom- oder Verbrennungswärme des verwendeten Zünddrahtes.

Die kalorimetrische Heizwertbestimmung ist mindestens zweimal durchzuführen; die einzelnen Bestimmungen sollen keine größeren Unterschiede aufweisen als die folgenden: bei hochwertigen Kohlen und flüssigen Brennstoffen 20 kcal/g, bei minderwertigen Brennstoffen mit mehr als 16 % Asche 40 kcal/g. Bezüglich der Durchführung dieser Bestimmung wird auf die einschlägige Literatur verwiesen. Der Heizwert der flüssigen Brennstoffe kann, wenn sie leicht vergasbar sind, auch mit Hilfe des Junkerschen Gaskalorimeters bestimmt werden.

Ist die Elementarzusammenstellung der festen und flüssigen Brennstoffe bekannt, so kann der Heizwert mit Hilfe der Verbandsformel berechnet werden; diese lautet:

für den oberen Heizwert: $H_o = 81\,C + 340\,(H - O/8) + 22\,S$,

für den unteren Heizwert: $H_u = 81\,C + 285\,(H - O/8) + 22\,S - 6\,W$.

Darin bedeuten $C, H, O, S, W$, Gewichtshundertteile von Kohlenstoff, Wasserstoff, Sauerstoff, Schwefel und Feuchtigkeit. Die Berechnung liefert aber keine zuverlässigen Ergebnisse; sie sind meist kleiner als die kalorimetrischen Heizwerte. Die Abweichungen betragen bei Steinkohle und älteren Braunkohlen bis 3 %, bei jüngeren Braunkohlen noch mehr.

**2. Gasförmige Brennstoffe.** Unmittelbar wird der Heizwert der gasförmigen Brennstoffe mit Hilfe des Junkerschen Gaskalorimeters bestimmt, in dem eine bestimmte Gasmenge unter gleichem Druck mit einem Brenner, der in das Innere des Kalorimeters reicht, verbrannt wird, während das Kalorimeter von einem gleichmäßigen Wasserstrom durchflossen wird. Aus der Wassermenge und ihrer Temperatursteigerung wird die Wärmemenge des Verbrennungsgases berechnet. Dabei wird der obere Heizwert festgestellt. Der untere Heizwert ergibt sich nach Abzug der Verdampfungswärme des bei dem Versuch erhaltenen Kondenswassers. Bezüglich der genauen Durchführung der Bestimmung und der genauen Beschreibung dieses Kalorimeters wird auf die einschlägige Fachliteratur verwiesen. Der Heizwert des Gases wird auf 1 m³, 0° und 760 mm Druck bezogen. Er kann auch aus der Gasanalyse berechnet werden. Ist $p_1, h_1, v_1, r_1, s_1$, der Gehalt von 1 m³ Gases an CO, $H_2$, $CH_4$, $C_nH_m$ und $C_2H_2$ in % und $t_1, w_1$ der Gehalt von 1 m³ an Teer und Feuchtigkeit in kg, so ist

der untere Heizwert: $H_u = 3040 \cdot p_1 + 2540 \cdot h_1 + 8580 \cdot v_1 + 14100 \cdot r_1$
$+ 13470 \cdot s_1 + 9000 \cdot t_1 - 600\,w_1,$

der obere Heizwert: $H_o = 3040 \cdot p_1 + 3050 \cdot h_1 + 9480 \cdot v_1 + 14900 \cdot r_1$
$+ 13900 \cdot s_1 + 9500 \cdot t_1.$

Enthält das in Frage stehende Gas andere Kohlenwasserstoffe, so müssen auch diese in der Formel berücksichtigt werden. Bei der Untersuchung der Gase werden die ungesättigten Kohlenwasserstoffe $C_nH_m$ mit rauchender Schwefelsäure, die gesättigten Kohlenwasserstoffe $C_nH_{2n+2}$ durch Verbrennung erhalten. Die Art der einzelnen Kohlenwasserstoff-Verbindungen wird dabei nicht genau bestimmt. Bei Generatorgas wird nach den Untersuchungen der Wärmestelle des Vereines Deutscher Eisenhüttenleute in Düsseldorf kein Fehler begangen, wenn für die gesättigten Kohlenwasserstoffe der Heizwert des Methans, für die ungesättigten der Heizwert $H_u$ = 17000 kcal eingesetzt wird. Bei Schwel- oder anderen Gasen mit einem hohen Gehalt an beiden Arten der Kohlenwasserstoffe müßten jedoch andere Werte bei der Berechnung verwendet werden, die sich aus der genauen Analyse des Gases ergeben.

## Zahlentafel 32. Analyse technischer Gase.

| Analyse mit Absorption von $CO_2$, $C_nH_m$, $O_2$, CO und Einzelverbrennung von $H_2$ und $CH_4$ | | | Analyse mit Absorption von $CO_2$, $C_nH_m$, $O_2$, CO mit gemeinsamer Verbrennung von $H_2$ und $CH_4$ | | | Analyse mit Absorption von $CO_2$, $C_nH_m$, $O_2$ und gemeinsamer Verbrennung von CO, $H_2$ und $CH_4$ (vereinfachte Gasanalyse) | | |
|---|---|---|---|---|---|---|---|---|
| Ablesung | cm³ oder % | | | cm³ oder % | | | cm³ oder % | |
| 100 | | Volle Bürette, angewandte Gasmenge = 100 cm³, bei geringerem Volumen sind alle Werte der Rechnung mit 100 : x zu multiplizieren. | | | | | | |
| 94 | 6,0 | 1. **Kohlensäure**, $CO_2$: Absorption mit KOH-Pipette (100 g Ätzkali in 200 g Wasser gelöst) Gas zwei- bis dreimal in die Pipette überführen, dann Volumsabnahme ablesen. | | | | | | |
| 93,4 | 0,6 | 2. **Ungesättigte Kohlenwasserstoffe**, $C_nH_m$: Absorption mit rauchender Schwefelsäure (spez. Gew. = 1,93, 21,1—21,5 % $SO_3$). Nach der Absorption mit rauchender Schwefelsäure ist vor dem Ablesen eine Nachbehandlung des Gasrestes mit der KOH-Pipette notwendig, um die $SO_2$- und $SO_3$-Dämpfe aus dem Gasrest zu entfernen. | | | | | | |
| 93,0 | 0,4 | 3. **Sauerstoff**, $O_2$: Entweder Absorption durch Phosphorstangen, die in einer Pipette unter Wasser, das zeitweise erneuert werden muß, aufbewahrt werden. Phosphor vor Licht schützen, Absorptionsdauer bei 20° 3 min, bei 10° ¹/₃ st; die Absorption des $O_2$ durch P wird durch die Gegenwart von ungesättigten Kohlenwasserstoffen, Teer gestört. Besser geht die Absorption des $O_2$ mit Pyrogallussäure (200 g KOH in 150 g $H_2O$ lösen auf 100 cm³, dieser Lösung 15 g Pyrogallol zugeben), Lösung muß unter Luftabschluß stehen (Doppelpipette). Temperatur der Absorption nicht unter 15°, da sonst langsam, 4—5malige Überführung notwendig. | | | | | | |
| 67,8 | 25,2 | 4. **Kohlenmonoxyd, CO**: Absorption mit ammoniakalischer Kupferchlorürlösung (50 g Ammonchlorid, 150 cm³ $H_2O$, 40 g Kupferchlorür, das Ganze mit 600 cm³, 26 % Ammoniak mischen). Zwei Pipetten verwenden, die ältere zuerst zur Absorption der Hauptmenge, dann mit der neueren den Rest absorbieren. Der Gasrest muß auch nach der Absorption des CO mit der KOH-Pipette zur Entfernung der Ammoniak-Dämpfe nachbehandelt werden. | | Ablesung | cm³ oder % | | | 93,0 | |
| | | | | | | verwendeter Teil des Gasrestes wird eine entsprechende Menge $O_2$ oder Luft hinzugefügt. | | |
| 67,8 | 67,8 | | Gasrest | | Zu dem Ganzen oder einem Teil des Gasrestes wird eine entsprechende Luft- oder $O_2$-Menge hinzugefügt. | verwendeter Teil | 40,0 | |
| 34,0 | 34,0 | | verwendeter Gasrest | 67,8 | | zugefügte Luft = 12,6 $O_2$ | 60,0 | |
| 70 | 36,0 | | + zugeführte Luft | 34,8 | | | | |
| 61,3 | 8,7 | 5. **Wasserstoff**, $H_2$: Hinüberleiten des Gasmenges über Palladium bei 100°, nicht höher, Volumen nach d. Verbrennen d. $H_2$ Volumsabnahme = $c_1$ | | 35,2 | | 1. Kohlenmonoxyd CO, Wasserstoff $H_2$, ges. Kohlenwasserstoffe $C_nH_{2n+2}$ Das Gasgemenge wird in der Explosionspipette verbrannt. Volumabnahme durch die Verbrennung = $c$ | 85,4 | 14,6 |
| | | $H_2$-Gehalt des Restes = ²/₃ $c_1$ = 5,8 | | | | Absorption der entstandenen Kohlensäure durch KOH. Volumabnahme = $b$ | 73,4 | 12,0 |
| | | $H_2$-Gehalt des Gases = 5,8 · $\frac{67,8}{34,0}$ % | | | | Absorption des überschüssigen $O_2$ | | 2,6 |
| 58,4 | 11,6 | 6) ges.Kohlenwasserstoffe, $C_nH_{2n+2}$: Hindurchleiten des Gasgemenges durch eine weißglühende Platinkapillare, Volumabnahme = $c_2$, | | 58,4 | 11,6 | Verbrauchtes $O_2$ = 12,6 − 2,6 = $a$ | | 10 |
| | | | | | | $H_2$-Gehalt = $(c-a) \cdot \frac{b+c}{3} = 10,7$ | | 10,7 |
| 56,9 | 1,5 | Absorption der entstandenen $CO_2$ in der KOH-Pipette, Volumabnahme = $b$ | | 56,9 | 1,5 | | | |
| 57,8 | 2,5 | $CH_4 = \frac{1}{3} c_2$ oder = $b$ OH₁-Geh. d. Verw. Gasrestes ≈ 1,2 | | | | $CH_4$-Gehalt = $(a - \frac{b+c}{3}) \cdot \frac{93,0}{40}$ = $(10 - \frac{12+14,6}{3}) \cdot \frac{93,0}{40}$ | | 2,6 |
| | 1,0 | | | | $CH_4$ der 100 cm³ = $b \cdot \frac{67,8}{34,8}$ % | | | |
| | 1,2 | $H_2$-Gehalt des verwendeten Gasrestes = $(c−2 \cdot b) \cdot ²/₃ = (11,6−3,0) \cdot ²/₃ = 5,7$ cm³ | | | | CO-Gehalt = $b \cdot \frac{93}{40} - CH_4$ ger. | | 25,8 |
| | 2,4 | $CH_4$ der 100 cm³ = 1,2 · $\frac{67,8}{34,0}$ % | | 2,9 | | = $12 \cdot \frac{93}{40} - 2,6$ | | |
| 53,8 | 53,8 | $N_2$-Gehalt = Rest auf 100 cm³ | | | 11,1 | $H_2$-Gehalt der 100 cm³ = 5,7 · $\frac{67,8}{34,8}$ = 11,1 | | |
| | | | | | 54,0 | $N_2$-Gehalt = Rest auf 100 cm³. | | 54,8 |
| | | | | | | $N_2$-Gehalt = Rest auf 100 cm³. | | |

Probenahme, Heizwertbestimmung und chemische Untersuchung der Brennstoffe.

Zahlentafel 33. **Unterlagen für die Berechnung des Wasserstoff-, Methan- und Kohlenoxydgehaltes der technischen Gase.**

| Analyse mit Absorption von $CO_2$, $C_nH_m$, $O_2$, CO und Einzelverbrennung von $H_2$ und $CH_4$ | Analyse mit Absorption von $CO_2$, $C_nH_m$, $O_2$, CO und gemeinsamer Verbrennung von $H_2$ und $CH_4$ | Analyse und Absorption von $CO_2$, $C_nH_m$, $O_2$ und gemeinsamer Verbrennung von CO, $H_2$ und $CH_4$ |
|---|---|---|
| 1. Verbrennung von $H_2$: $\quad 2H_2 + O_2 = 2H_2O$ $\quad 2\,\text{Vol.} + 1\,\text{Vol.} = [2\,\text{Vol.}]$ | Verbrennung von $H_2$ und $CH_4$ $2H_2 + O_2 = 2H_2O$ $CH_4 + 2O_2 = 2H_2O + CO_2$ $3\,\text{Vol.} + 3\,\text{Vol.} = [4\,\text{Vol.}]$ $\quad + 1\,\text{Vol.}$ | Verbrennung von CO, $H_2$ und $CH_4$ $2H_2 + O_2 = 2H_2O$ $CH_4 + 2O_2 = 2H_2O + CO_2$ $2CO + O_2 = 2CO_2$ $5\,\text{Vol.} + 4\,\text{Vol.} = [4\,\text{Vol.}]$ $\quad + 3\,\text{Vol.}$ |
| Volumabnahme durch die Verbrennung = 3 Vol. = $c_1$ $H_2 = {}^2/_3 c_1$ | Volumabnahme durch die Verbrennung = 5 Vol. = $c$ | Volumabnahme durch die Verbrennung = 6 Vol. = $c$ = Vol. $H_2$ + Vol. verbr. $O_2$ |
| 2. Verbrennung von $CH_4$: $CH_4 + 2O_2 = CO_2 + 2H_2O$ $1\,\text{Vol.} + 2\,\text{Vol.} = 1\,\text{Vol.}$ $\quad + [2\,\text{Vol.}]$ Volumabnahme durch die Verbrennung = 2 Vol. = $c_2$ Volumen der entstandenen $CO_2$ gleich dem Volumen des $CH_4 = b$ $CH_4 = CO_2 = b$ $CH_4 = {}^1/_2 c$ | Volumen der aus dem $CH_4$ entstandenen $CO_2 = b = CH_4$ $CH_4 = CO_2 = b$ $H_2 = {}^2/_3 (c - 2b)$ | Volumen der aus CO + $CH_4$ entstandenen $CO_2 = \text{Vol.}\,CH_4 + \text{Vol.}\,CO = b$. Volumen des verbr. $O_2 = a$ 1. $H_2 + a = c \quad H_2 = c - a$ 2. $\quad CO = b - CH_4$ 3. $H_2 + CH_4 + CO + O_2(\text{f.}\,H_2)$ $\quad + O_2(\text{f.}\,CH_4) + O_2(\text{f.}\,CO)$ $\quad = CO_2 + H_2O;$ $c - a + CH_4 + b - CH_4$ $\quad + {}^1/_2(c - a) + 2CH_4$ $\quad + {}^1/_2(b - CH_4) = b + c.$ $CH_4 = a - \dfrac{b+c}{3}$ |

Bemerkung: [ ] deutet an, daß diese Volumina infolge Kondensation des Verbrennungswassers verschwinden. Um die Menge des Gasrestes richtig zu wählen, muß derselbe auf Grund der zu erwartenden Zusammensetzung des Gases berechnet werden. Gasrest + Verbrennungs-$O_2$ oder Verbrennungsluft soll 100 cm³ nicht übersteigen. Für die Berechnung dienen die folgenden Grundlagen: 1 cm³ $H_2$ = 0,5 cm³ $O_2$ = 2,4 cm³ Luft, 1 cm³ $CH_4$ = 2,0 cm³ $O_2$ = 9,5 cm³ Luft, 1 cm³ CO = 0,5 cm³ $O_2$ = 2,4 cm³ Luft. Auf Grund dieser Volumverhältnisse ergeben sich bei den wichtigsten Gasen die folgenden zulässigen Gasmengen:

| Gasart | Verbrennung des $H_2$ und $CH_4$ | | | | | Verbrennung des $H_2$, $CH_4$ und CO | | | | |
|---|---|---|---|---|---|---|---|---|---|---|
| | Gesamt-Gasrest cm³ | Verbrenng. m. $O_2$ | | Verbrenn. m. Luft | | Gesamt-Gasreste cm³ | Verbrenng. m. $O_2$ | | Verbrenn. m. Luft | |
| | | zulässige Gasmenge cm³ | notwendige $O_2$ cm³ | zulässige Gasmenge cm³ | notwendige Luft cm³ | | zulässige Gasmenge cm³ | notwendige $O_2$ cm³ | zulässige Gasmenge cm³ | notwendige Luft cm³ |
| Gichtgas . . | 60 | — | — | 90 | 8 | 90 | — | — | 50 | 44 |
| Mischgas . . | 64 | 80 | 14 | 50 | 37 | 93 | 75 | 21 | 40 | 50 |
| Wassergas . | 53 | 60 | 30 | 25 | 58 | 95 | 60 | 30 | 25 | 58 |
| Leuchtgas . | 82 | 40 | 41 | 15 | 73 | 92 | 45 | 45 | 15 | 69 |

Im allgemeinen wird man nicht die zulässigen Gasmengen zur Verbrennung bringen, sondern für jeden Fall höchstens die Hälfte des Gesamtgasrestes, um die Verbrennung nochmals wiederholen zu können. Der aufzubewahrende Gasrest wird in die Pipette mit rauchender Schwefelsäure übergeführt, er muß vor der Weiterverwendung mit der KOH-Pipette gewaschen werden.

## C. Analyse.

Die Untersuchungen, die mit der Durchschnittsprobe durchgeführt werden, sind bei den festen, flüssigen und gasförmigen Brennstoffen und den Verbrennungsrückständen verschieden.

**1. Feste Brennstoffe.** Die festen Brennstoffe werden in der Regel nur a) auf den unteren Heizwert und b) chemisch untersucht. Kohlenstaub wird auch noch physikalisch untersucht, wobei seine Feinheit bestimmt wird, und zwar nach den Vorschriften des Staubausschusses des deutschen Reichskohlenrates[1]). Die chemische Untersuchung erstreckt sich in der Regel nur auf die Bestimmung der folgenden Werte: 1. Gehalt an Wasser, 2. Aschengehalt, 3. Gehalt an brennbarer Substanz, 4. Koksrückstände und Gehalt an flüchtigen Bestandteilen. Die Elementaranalyse der brennbaren Substanz wird nur dann durchgeführt, wenn dies besonders vorgeschrieben wird. Durch sie wird der Kohlenstoff-, Wasserstoff- und Schwefelgehalt festgestellt. Der Stickstoffgehalt wird vernachlässigt bzw. in den Differenzwert $O_2 + N_2$ einbezogen. Die Untersuchungsergebnisse der Analysenproben sind auf die Durchschnittsprobe umzurechnen. Bezüglich der Durchführung der Bestimmungen muß auf die einschlägige Literatur verwiesen werden. Es ist nur noch zu sagen, daß die Bestrebungen darauf hinausgehen, die Methoden der einzelnen Bestimmungen zu normen und sie dann in die Regeln für die Abnahmeversuche an Dampfanlagen aufzunehmen. Flugkoks oder Flugstaub sowie Rostdurchfall sind in gleicher Weise wie Brennstoffe zu untersuchen. Die Proben von festen und flüssigen Brennstoffen oder Rückständen sind mindestens 8 Wochen aufzubewahren.

**2. Flüssige Brennstoffe.** Bei den flüssigen Brennstoffen wird die Elementaranalyse durchgeführt, weiter kommt die Bestimmung des Wassergehaltes, des spezifischen Gewichtes, des Schmutz- und Aschengehaltes und des Flammpunktes in Frage. Das spezifische Gewicht soll bei 15° bestimmt werden, geschieht das nicht, so muß das festgestellte spezifische Gewicht mit Hilfe der von der Normaleichungskommission herausgegebenen Umrechnungstafel auf 15° umgerechnet werden. Wegen Raummangels muß bezüglich der Durchführung der einzelnen Bestimmungen auf die Fachliteratur verwiesen werden.

**3. Gasförmige Brennstoffe und Abgase.** Die Untersuchung der gasförmigen Brennstoffe erstreckt sich auf die Bestimmung ihres Gehaltes an Kohlensäure, Kohlenmonoxyd, Sauerstoff, Wasserstoff, gesättigte und ungesättigte Kohlenwasserstoffe. Außerdem sind noch der Teer- und der Feuchtigkeitsgehalt festzustellen. Die genaue Bestimmung der letzteren ist verhältnismäßig umständlich; sie ist aus der Fachliteratur zu entnehmen. Die anderen Bestandteile sind ziemlich einfach zu bestimmen mit Hilfe von Absorptionsgefäßen, die mit verschiedenen für die Absorption der einzelnen Bestandteile geeigneten Flüssigkeiten gefüllt sind. Da diese Bestimmungen in den Betrieben wiederholt selbst durchgeführt werden müssen, so gibt die Zahlentafel 32 einen Überblick über die 3 verschiedenen Wege, die bei der Gasanalyse eingeschlagen werden. Zahlentafel 33 gibt dann die Unterlagen für die Berechnung des Wasserstoff-, Methan- und Kohlenmonoxydgehaltes der technischen Gase bei den verschiedenen Arten der Gasanalyse wieder.

**4. Verbrennungs- und Vergasungsrückstände.** In den Verbrennungsrückständen wird lediglich der Gehalt an Verbrennlichem bestimmt. Er ergibt sich aus den Glühverlusten weniger dem Feuchtigkeitsgehalt der Verbrennungsrückstände; das Unverbrennliche wird als Reinasche angeführt. Der Gehalt an Verbrennlichen kann annähernd als Kohlenstoff angenommen werden und mit 8000 kcal in die Versuchsrechnung eingesetzt werden, allerdings nur unter der Voraussetzung, daß der Gehalt an Verbrennlichem nicht mehr als 20 % der wasserfreien Rückstände beträgt, und daß es sich um Rückstände von Koks oder Feinkohle handelt. Ist der Gehalt an Verbrennlichem größer, oder stammen die Rückstände von Braunkohle oder Torf, so ist die Verbennungswärme der Rückstände zu ermitteln.

---

[1]) Erhältlich bei der Geschäftsstelle des deutschen Reichskohlenrates, Berlin W 15, Ludwigskirchplatz 3, IV.

Verlag von Julius Springer in Berlin W 9

**Die Wärmeübertragung.** Ein Lehr- und Nachschlagebuch für den praktischen Gebrauch von Prof. Dipl.-Ing. **M. ten Bosch**, Zürich. Zweite, stark erweiterte Auflage. Mit 169 Textabbildungen, 69 Zahlentafeln und 53 Anwendungsbeispielen. VIII, 304 Seiten. 1927. Gebunden RM 22.50

**Einführung in die Lehre von der Wärmeübertragung.** Ein Leitfaden für die Praxis von Dr.-Ing. **Heinrich Gröber**. Mit 60 Textabbildungen und 40 Zahlentafeln. X, 200 Seiten. 1926. Gebunden RM 12.—

**Abwärmeverwertung** zu Heiz-, Trocken-, Warmwasserbereitungs- und ähnlichen Zwecken. Von Ing. **M. Hottinger**, Privatdozent, Zürich. Mit 180 Abbildungen im Text. X, 240 Seiten. 1922. RM 8.—; gebunden RM 10.—

**Die Abwärmeverwertung im Kraftmaschinenbetrieb** mit besonderer Berücksichtigung der Zwischen- und Abdampfverwertung zu Heizzwecken. Eine wärmetechnische und wärmewirtschaftliche Studie von Dr.-Ing. **Ludwig Schneider**. Vierte, durchgesehene und erweiterte Auflage. Mit 180 Textabbildungen. VIII, 272 Seiten. 1923. Gebunden RM 10.—

**Die Kondensation bei Dampfkraftmaschinen** einschließlich Korrosion der Kondensatorrohre, Rückkühlung des Kühlwassers, Entölung und Abwärmeverwertung. Von Oberingenieur Dr.-Ing. **K. Hoefer**, Berlin. Mit 443 Abbildungen im Text. XI, 442 Seiten. 1925. Gebunden RM 22.50

**Regelung und Ausgleich in Dampfanlagen.** Einfluß von Belastungsschwankungen auf Dampfverbraucher und Kesselanlage sowie Wirkungsweise und theoretische Grundlagen der Regelvorrichtungen von Dampfnetzen, Feuerungen und Wärmespeichern. Von **Th. Stein**. Mit 240 Textabbildungen. VIII, 389 Seiten. 1926. Gebunden RM 30.—

**Technische Wärmelehre der Gase und Dämpfe.** Eine Einführung für Ingenieure und Studierende. Von **Franz Seufert**, Studienrat a. D., Oberingenieur für Wärmewirtschaft. Dritte, verbesserte Auflage. Mit 26 Textabbildungen und 5 Zahlentafeln. II, 83 Seiten. 1923. RM 1.80

**Brand-Seufert, Technische Untersuchungsmethoden zur Betriebsüberwachung insbesondere zur Überwachung des Dampfbetriebes.** Zugleich ein Leitfaden für Maschinenbaulaboratorien technischer Lehranstalten. Neu herausgegeben von Dipl.-Ing. **Franz Seufert**, Oberingenieur für Wärmewirtschaft. Fünfte, verbesserte und erweiterte Auflage. Mit 334 Abbildungen, einer lithographischen Tafel und vielen Zahlentafeln. X, 430 Seiten. 1926. Gebunden RM 29.40

Verlag von Julius Springer in Berlin W 9

**Bau und Berechnung der Verbrennungskraftmaschinen.** Eine Einführung von Oberingenieur **Franz Seufert**, Studienrat a. D. Vierte, verbesserte Auflage. Mit 93 Textabbildungen und auf 3 Tafeln. VI, 122 Seiten. 1926.
RM 3.60

**Anleitung zur Durchführung von Versuchen an Dampfmaschinen, Dampfkesseln, Dampfturbinen und Verbrennungskraftmaschinen.** Zugleich Hilfsbuch für den Unterricht in Maschinenlaboratorien technischer Lehranstalten. Von Oberingenieur **Franz Seufert**, Studienrat a. D. Siebente, erweiterte Auflage. Mit 52 Abbildungen. VI, 165 Seiten. 1925.
RM 3.60

ⓦ **Kleine Verbrennungskraftmaschinen** für flüssige Brennstoffe. Ein Lehr- und Handbuch für Ingenieure, Konstrukteure, Studierende, Kleingewerbetreibende, Monteure usw. Von Ing. **Ludwig Ptaczowsky**. Mit 119 Abbildungen und 13 Tabellen. 234 Seiten. 1919. (Technische Praxis, Band XXIII.)
Gebunden RM 1.50

**Technische Thermodynamik.** Von Prof. Dipl.-Ing. **W. Schüle**.
Erster Band: **Die für den Maschinenbau wichtigsten Lehren nebst technischen Anwendungen.** Vierte, neubearbeitete Auflage. Berichtigter Neudruck. Mit 225 Textfiguren und 7 Tafeln. X, 559 Seiten. 1923.
Gebunden RM 18.—
Zweiter Band: **Höhere Thermodynamik** mit Einschluß der chemischen Zustandsänderungen nebst ausgewählten Abschnitten aus dem Gesamtgebiet der technischen Anwendungen. Vierte, erweiterte Auflage. Mit 228 Textfiguren und 5 Tafeln. XVIII, 509 Seiten. 1923.
Gebunden RM 18.—

**Leitfaden der technischen Wärmemechanik.** Kurzes Lehrbuch der Mechanik der Gase und Dämpfe und der mechanischen Wärmelehre. Von Prof. Dipl.-Ing. **W. Schüle**. Vierte, vermehrte und verbesserte Auflage. Mit 110 Textfiguren und 5 Tafeln. IX, 294 Seiten. 1925.
RM 6.60; gebunden RM 7.50

**Taschenbuch für den Maschinenbau.** Bearbeitet von zahlreichen Fachleuten. Herausgegeben von Prof. **Heinrich Dubbel**, Ingenieur, Berlin. Vierte, erweiterte und verbesserte Auflage. Mit 2786 Textfiguren. In zwei Bänden. XI, 1728 Seiten. 1924.
Gebunden RM 18.—

**Freytags Hilfsbuch für den Maschinenbau** für Maschineningenieure sowie für den Unterricht an technischen Lehranstalten. Siebente, vollständig neubearbeitete Auflage. Unter Mitarbeit von Fachleuten herausgegeben von Prof. **P. Gerlach**. Mit 2484 in den Text gedruckten Abbildungen, 1 farbigen Tafel und 3 Konstruktionstafeln. XII, 1490 Seiten. 1924.
Gebunden RM 17.40

Die mit ⓦ bezeichneten Werke sind im Verlag von Julius Springer in Wien erschienen.

Verlag von Julius Springer in Berlin W 9

# WERKSTATTBÜCHER
## FÜR BETRIEBSBEAMTE, VOR- UND FACHARBEITER
## HERAUSGEGEBEN VON EUGEN SIMON, BERLIN

In Vorbereitung bzw. unter der Presse befinden sich:

**Formmaschinen.** Von Dipl.-Ing. Alfred Kaiser.
**Herstellung der Lehren.** Von Ing. Alexander Stich.
**Beizen und Entrosten.** Von Dr. mont. h. c. Otto Vogel.
**Prüfen und Aufstellen von Werkzeugmaschinen.** Von Ing. Willi Mitan.
**Die Federn.** Ihre Berechnung, Konstruktion und Herstellung. Von Direktor Ernst Kreißig.
**Die Getriebe der Werkzeugmaschinen.** Erster Teil. Von Dr.-Ing. W. Pockrandt.
**Werkstoffprüfung.** Von Prof. Dr.-Ing. P. Riebensahm.
**Feilen.** Von Dr.-Ing. Bertold Buxbaum.

---

**Gesunder Guß.** Eine Anleitung für Konstrukteure und Gießer, Fehlguß zu verhindern. Von E. Kothny. Mit 125 Figuren im Text und 12 Tabellen. 73 Seiten. 1927. RM 1.80
(Heft 30 der Werkstattbücher.)

---

**Stahl- und Temperguß.** Ihre Herstellung, Zusammensetzung, Eigenschaften und Verwendung. Von E. Kothny. Mit 55 Figuren im Text und 23 Tabellen. 68 Seiten. 1926. RM 1.80
(Heft 24 der Werkstattbücher.)

---

**Handbuch der Feuerungstechnik und des Dampfkesselbetriebes** mit einem Anhange über allgemeine Wärmetechnik. Von Dr.-Ing. Georg Herberg, Stuttgart. Dritte, verbesserte Auflage. Mit 62 Textabbildungen, 91 Zahlentafeln sowie 48 Rechnungsbeispielen. XVIII, 332 Seiten. 1922. Gebunden RM 11.—

---

**Dampfkessel-Feuerungen** zur Erzielung einer möglichst rauchfreien Verbrennung. Von F. Haier. Zweite Auflage im Auftrage des Vereins deutscher Ingenieure bearbeitet vom Verein für Feuerungsbetrieb und Rauchbekämpfung in Hamburg. Mit 375 Textfiguren, 29 Zahlentafeln und 10 lithographierten Tafeln. XXIV, 320 Seiten. 1910. Gebunden RM 20.—

---

**Die Ölfeuerungstechnik.** Von Dr.-Ing. O. A. Essich. Dritte Auflage, bearbeitet von Direktor Hans Schönian und Dr. Brandstäter. In Vorbereitung

---

**Verbrennungslehre und Feuerungstechnik.** Von Studienrat a. D. Oberingenieur Franz Seufert. Zweite, verbesserte Auflage. Mit 19 Abbildungen, 15 Zahlentafeln und vielen Berechnungsbeispielen. IV, 128 Seiten. 1923. RM 2.60

# Berichtigung.

Seite 4, 5. Zeile v. o. lies „gebundene oder Verbrennungswärme" statt „gebundene Wärme oder chemische Energie".
Seite 7, Zahlentafel 3, in der Zeile „Alkohol" lies „durch Gärung" statt „Durchgärung".
Seite 22, Zahlentafel 10, lies „Niederschlesien" statt „Niederlausitz".
Seite 26, 22. Zeile v. o., lies „6. Halbkoks" statt „c) Halbkoks".
Seite 50, Zahlentafel 22, lies „$h_1 - \frac{o_1}{8}$" statt „$h_1 - \frac{0}{8}$".
Seite 50, Zahlentafel 22, 1. lies „$c_1 + h_1 + \ldots$" statt „$c_1 + h_1' + \ldots$".
2. In dem Ausdruck B für die festen Brennstoffe ist bei $O_{th}$ und $O_w$ der Index 2 hinzuzufügen.
Seite 52, Zahlentafel 24, ist in dem Ausdruck $C_{pm}$ der Wert „$s_1 c_{pm} O_2 H_2$" durch „$s_1 \cdot c_{pm} C_2 H_2$" zu ersetzen.
Seite 56, Zahlentafel 25, lies in der Überschrift der 6. Zahlenreihe „kcal je m² Rostfläche" statt „kcal je m³ Verbrennungsraum".
Seite 57, Zahlentafel 26, lies „$m = \frac{L}{Q_1 \cdot L_{theor.}}$" statt „$m = \frac{L}{A_1 \cdot L_{h_2}}$".
Seite 60, 9. Zeile v. u., lies „Auf den Aschen- und Schwefelgehalt" statt „Auf den Aschengehalt".
Seite 73, Zeile 5 v. o., lies „Auf den unteren und oberen Heizwert" statt „Auf den unteren Heizwert".

Kothny, Brennstoffe.

MIX
Papier aus verantwortungsvollen Quellen
Paper from responsible sources
FSC® C105338

If you have any concerns about our products,
you can contact us on
**ProductSafety@springernature.com**

In case Publisher is established outside the EU,
the EU authorized representative is:
**Springer Nature Customer Service Center GmbH
Europaplatz 3, 69115 Heidelberg, Germany**

Printed by Libri Plureos GmbH
in Hamburg, Germany